Ueber Messung

der

Höhen sowie der Durchmesser

der Bäume im Allgemeinen,

besonders aber

bei forststatischen Untersuchungen,

nebst einleitenden Bemerkungen über Bildung der Massen- und Ertragstafeln.

Von

Dr. Eduard Heyer,

Großherzoglich Hessischem Oberförster und Lehrer der Forstwissenschaft an der Universität zu Gießen.

Mit drei lithographirten Tafeln.

Gießen,

J. Ricker'sche Buchhandlung.

1870.

Vorwort.

Die Einrichtung der Instrumente zur Messung der Längen und Stärken sowohl stehender als liegender Stämme und Stammtheile, sowie die Methode und der Genauigkeitsgrad, welche dabei zur Anwendung kommen, sind eben so entscheidend für die Praxis bei Kubirung concreter Verkaufsmaße ꝛc., als für die Wissenschaft bei Erhebung und Bearbeitung forststatischen Materials.

Ueber Verfahren, Beschaffenheit der Werkzeuge und Maß der Schärfe gehen jedoch die Ansichten noch weit auseinander.

Die demnächstige Einführung des Französischen Maßes in vielen deutschen Staaten bedingt nicht blos mannigfache Aenderungen an den erwähnten Instrumenten, sondern auch die Aufstellung neuer Kreisflächen-, Kubirungs-, Reductions- ꝛc. Tabellen. Soll sich in den letzteren ein vorausbestimmter Genauigkeitsgrad aussprechen, so influirt dieser wieder auf die erlaubte Fehlergrenze bei den Höhen- und Stärkemessungen und auf Beschaffenheit der Werkzeuge.

Die vorhin berührten Aenderungen, welche durch die Vereinbarung der meisten deutschen Regierungen zur Einführung Einer Maßordnung nunmehr nothwendig werden, lassen die jetzige Zeit als besonders geeignet erscheinen, auch eine Einigung hinsichtlich der Aufnahmeverfahren, der Einrichtung der Instrumente und der Principien bei Construction von Tabellen zu versuchen, welche den Forderungen der Praxis und der Wissenschaft Rechnung tragen.

Möchte diese Schrift als Scherflein zur Erstrebung dieses Zieles eine nachsichtige Beurtheilung finden.

Schließlich erfülle ich noch die angenehme Pflicht, dem Herrn Mechanikus Staudinger zu Gießen meinen Dank abzustatten für die Unterstützung bei meinen Bemühungen, einer Reihe wichtiger, forstlicher Instrumente jenen Vollkommenheitsgrad zu geben, welchen der Fortschritt der Wissenschaft bedingt. Jeder meiner Fachgenossen, welcher mit den von Herrn Staudinger gefertigten Kluppen, Nivellirdioptern und Hypsometern gearbeitet hat, wird ihm gleichen Dank zollen.

Gießen, im November 1869.

Eduard Heyer.

Inhaltsverzeichniß.

I.

Vorfragen.

§. 1.

Einleitung.

1) Wie Durchmesser und Höhe der Bäume auf eine praktische Weise möglichst scharf gemessen werden, ist eine Zeitfrage, deren Beantwortung um so wichtiger ist, als es scheint, daß mit der schon mehrmals angeregten Errichtung forststatischer Versuchsstationen und Bearbeitung des gesammelten Materials nach einheitlichem Plane zur Lösung forststatischer Fragen endlich einmal Ernst gemacht werden soll.

2) Zwei Gegenstände in der Taxationswissenschaft, bei welchen ganz besonders die Messung der Höhen und Durchmesser in Betracht kommen, dürften in erster Linie unter den Versuchsobjecten stehen, die in Angriff genommen werden: Die Construction vollkommener **Massetafeln** und rationeller **Ertragstafeln.**

Die baldige Lösung dieser Aufgaben erscheint als ein dringendes Zeitbedürfniß. Einmal würde das Fällen der Probestämme auf ein Minimum beschränkt und in den meisten Fällen ganz erspart, zum andern erhielten unsere Ertragsregelungen, Waldwerthberechnungen und Waldtheilungen sehr solide Grundlagen durch sicherere Berechnung gegenwärtiger und künftiger Bestandsmassen.

Wohl ließen sich gewichtige Bedenken gegen den sofortigen Angriff dieser Arbeiten erheben. Man könnte einwerfen, daß vorerst einheitliche Bestimmungen zu treffen seien:

a) über Sortiren des Brennholzes,

b) über Betrag der Brusthöhe, in welcher die Stammdurchmesser über dem Boden zu erheben sind,

c) über anzuwendendes Maß und Gewicht; und daß endlich

d) vorerst die angemessensten Methoden zur Kubirung der Einzelstämme und zur Aufnahme ganzer Bestände festgestellt werden müßten.

Diesem Verlangen ist allerdings Rechnung zu tragen. Aber ein sehr einfaches und vielleicht einziges Mittel dürfte hier Abhilfe verschaffen: Die Versuchbureaus mögen **alsbald** aus eigener Machtvollkommenheit über obige Punkte entscheiden.

Bei der Wichtigkeit des Gegenstandes, bei der Tragweite und fortdauernden Wirkung der in letzter Beziehung zu fassenden Beschlüsse kann es nur erwünscht sein, daß Jeder, der sich für die Sache interessirt und mit den in Betracht kommenden Arbeiten lange Zeit theoretisch und praktisch beschäftigt hat, seine Meinungen ausspricht und sein Scherflein zur Erreichung des gemeinsamen Zieles darbringt.

3) Was zuerst das **Sortiren des Brennholzes** (2 a) anlangt, so leuchtet die Nothwendigkeit einer raschen Einigung schon aus dem Umstand hervor, daß ja sonst die Lösung obiger beiden Aufgaben wieder in blaue Ferne gerückt würde. Allein dessenungeachtet kann eine Vereinigung, die von Seiten maßgebender Verwaltungsbehörden ausginge, nicht abgewartet werden. Diese würde sich sehr weit hinausschieben oder gar nicht zu Stande kommen. — Es mag sich deshalb die Wissenschaft hier eben so emanzipiren, wie durch Einführung des Französischen Maß- und Gewichts-Systems in die litterarischen Erscheinungen bereits geschehen ist. Einer in reifliche Erwägung gezogenen Entscheidung ihrer Vertreter werden sich Alle fügen, die es redlich mit ihr meinen.

Nach meiner Ansicht sollten die Bureaus sich an die Bestimmungen der besten Holzhauer-Instructionen anlehnen, um die Grenzen der Durchmesser und die Längen der Scheit-(Klafter), Prügel-(Knüppel) und Reisholz-Sectionen, sowie die absolute Höhe festzusetzen, in welcher die Stöcke über dem Boden abgeschnitten werden, um das Stockholz (Stockabschnitt + Wurzeln) auszuscheiden. Sie sollen in dieser Beziehung eine von der Wissenschaft sanctionirte Instruction entwerfen, welche sich in praxi auch ganz gut einführen ließe. Es ist zu erwarten, daß dieselbe auch in der Praxis noch durch das Gewicht der öffentlichen Meinung zur Geltung kommt *), schon deshalb um die Vortheile unverkürzt zu genießen, welche die construirten Massen-, die Ertrags-Tafeln 2c. dem Praktiker bieten. Sollten einzelne Verwaltungsbehörden, einerlei aus welchen Gründen, den gemachten Bestimmungen nicht beitreten, so haben sie sich selbst die Faktoren aufzusuchen, mit denen sie die Resultate der Bureaus ihrem Gebrauch gemäß reduciren mögen.

4) Was sodann die Fixirung der **Brusthöhe** (2 b) betrifft, in welcher die Bestände 2c. zu kluppiren und die Stärke der Tafelstämme zu messen sind, so dürfte die von den Bairischen Massetafeln bereits angenommene im Betrage von 1.3 Metern zu adoptiren sein. (Bei einer größeren Höhe würden allerdings die Wurzelanläufe weniger lästig fallen und die Resultate richtiger werden, allein das Kluppiren der Bestände allzusehr ermüden.)

5) Anlangend das **gemeinsame Maß** (2 c), so ist selbstverständlich das Metermaß zu wählen, in welchem Durchmesser, Kreisflächen, Höhen und Bestandsmassen ausgedrückt werden.

Dem Einwande, daß Länge-, Quadrat- und Kubik-Meter (beziehungsweise 4 Großherzoglich Hessische Länge-, 16 Quadrat- und 64 Kubik-Fuß) zu große Einheiten bilden, und daß deshalb zu viele Stellen mit Nullen auszufüllen seien, sobald kleine Größen in Rechnung kämen — wäre einfach zu begegnen durch das Ausdrücken dieser Größen in kleineren Einheiten, als der Meter ist, d. h. in Deci-, Centi- und Millimetern. Aus gleichem Grunde bringen wir ja auch Klafter, Fuße, Zolle und Linien in 1. Potenz als Längen-, in 2. Potenz als Flächen-, in 3. Potenz als Körpereinheiten — welche Flächen- und Körpereinheiten Quadrate und Würfel bilden — in Rechnung.

Man kann ferner gleichzeitig für verschiedene Potenzen derselben Größe verschiedene Einheiten wählen und z. B. in einer Kreisflächentabelle sämmtliche Durchmesser in Centimetern, dagegen die Kreisflächen von 0 bis zu einer bestimmten Grenze in □Deci-

*) Ueberhaupt dürften die Versuchbureaus bei zweckmäßiger Organisation eine bedeutende Macht erlangen, weil vor ihrem Forum auch die wichtigsten praktischen Fragen entschieden werden.

metern und über dieser Grenze in □Metern angeben. Grenzen und Decimalenzahl der Durchmesser und Kreisflächen werden von einem erlaubten Fehlerprocent der Kreisflächen (z. B. 1 %) bezeichnet.

Werden die Sprünge von einer würfelförmigen *Körpereinheit* zu der andern (z. B. von Einem Kubikmeter zu Einem Kubikdecimeter = $^1/_{1000}$ Kubikmeter) für zu groß erachtet, so wählt man zur Einheit eine Zwischenstufe, welche selbstverständlich nicht mehr Würfel, sondern Parallelepiped ist. Eine solche Einheit ist der Hektoliter = $^1/_{10}$ Kubikmeter (= 6.4 Kubikfuß), als Holzmaß auch Decistère genannt. — Analoge Gründe könnten bezüglich der *Flächeneinheiten* ein Einschieben von *Rechtecken* zwischen die angeführten Quadrate empfehlen, wenn hierfür ein Bedürfniß sich ausspräche.

Man wolle nur keine Einheiten bilden, die sich nicht durch einfaches Verrücken des Decimalzeichens in größere oder kleinere Einheiten verwandeln lassen! Leider tauchen Vorschläge auf, welche eine solche Durchführung des Decimalsystems ignoriren, um *jetzt* übliche Länge-, Quadrat- und Kubikfuße als Einheiten beizubehalten. Eine Berücksichtigung solcher Vorschläge würde wieder große Calamitäten hervorrufen. Die alten Unbequemlichkeiten, Mißverständnisse und Verwirrungen würden wieder entstehen. Brechen wir deshalb *gründlich* mit dem alten Systeme und behalten strenge das Decimalsystem bei. Das deutsche Publicum wird sich in dasselbe ebenso gut hineinleben können, wie die Franzosen.

Als *Verkaufsmaß* des *Nutzholzes* muß deshalb an die Stelle des Cubikfußes der Hektoliter treten, eine Einheit von angemessener Größe, welche vollständig in der Praxis ausreicht, *wenn sie auf Eine Decimale abgerundet wird.* In diesem Falle betragen die Fehler (höchstens $^1/_3$ Kubikfuß) wohl in allen Ländern weniger, als seither. — Da das Rechnen mit Decimalbrüchen unendlich einfacher und leichter ist, als dasjenige mit gewöhnlichen Brüchen, — so daß es einem Jeden mit gesundem Menschenverstand, der wirklich mit gewöhnlichen Brüchen zu rechnen versteht, *sofort* beizubringen ist und jetzt wohl in allen Schulen gelehrt wird — : so kann die Einführung einer kleineren Verkaufseinheit, etwa des Zehntel Hektoliters, nicht damit motivirt werden, daß das Rechnen mit Decimalbrüchen wegfalle. Eine solche Verkaufseinheit (etwas mehr als 1/2 hessischer Kubikfuß) wäre zu klein.

Anlangend dagegen die Verkaufsmaße des Brennholzes, so sollte meiner Ansicht nach jedes Land seine jetzigen concreten Stecken, Wellen 2c., sowie seine Verordnungen über Sortiren des Brennholzes so lange als provisorische beibehalten, bis auch einmal einheitliche Bestimmungen über Verkaufsmaße und Sortiren des Brennholzes getroffen sind. — Nur hätte jedes Land jetzt schon mit der Einführung des Französischen Maßes die Dimensionen seiner Verkaufsmaße in Centimetern und die Derbgehalte in Ein und derselben Einheit, am besten dem Kubikmeter, den wir „summarischen Stecken" nennen wollen, auszudrücken. Dann würde irgend eine gefällte Menge Brennholz, mag dieselbe in Hessen, Baden, Preußen 2c. in die daselbst üblichen Verkaufsmaße aufgearbeitet sein, dennoch überall ein und dieselbe Zahl summarischer Stecken ergeben (vorausgesetzt daß jedes Land die Derbholzprocente richtig ermittelt hat).

So besitzt z. B. im Großherzogthum Hessen, dessen Maß sich noch am meisten auf das Französische stützt (der Längefuß ist = 0.25, der Zoll = 0.025, die Linie = 0.0025 Meter), jeder Stecken 100 Kubikfuß $\left(= \frac{100}{64} = 1.5625\right.$ Kubikmeter) Raumgehalt und jedes Gebund Reisholz (Welle) 5 Fuß Länge und 1 Fuß Dicke.

Aus vielen Versuchen ergab sich der durchschnittliche Derbholzgehalt Eines

Steckens	Scheitholz	= 70	Kubikfuß	= 1.09375	Kubikmeter
„	Prügelholz	= 60	„	= 0.9375	„
„	Stockholz	= 50	„	= 0.78125	„
Einer	Welle	= 1	„	= 0.015625	„

welche Angaben jedoch eine beträchtliche Abrundung der Kubikfußzahlen in sich schließen. Behielte sonach Hessen seine Verkaufsmaße bei und ließe diesen ihre jetzigen Dimensionen — diejenigen des Steckens sind 1.25; 1.25 und 1, die der Welle 1.25 und 0.25 Meter —, so hätte man nur die Verkaufsmaße durch Multiplication mit obigen Kubikmeter-Zahlen : 1.09375; 0.9375 2c. in die neuen summarischen Stecken zu reduciren und zu diesem Behuf, wie auch jetzt geschehen, Tabellen zu berechnen. In den bereits ausgeführten Ertragsregelungen wären endlich nur die alten summarischen Stecken durch Multiplication mit dem Faktor $\frac{70}{64} = 1.1$ in neue summarische zu verwandeln. Dieselbe Bewandtniß hätte es mit dem in alten summarischen Stecken ausgedrückten Nutzholze der periodischen Wirthschaftsplane und der Betriebsnachweisungen, während alle Brennholzzahlen, die nur concrete Verkaufsmaße bezeichnen, resp.

bezeichnen sollten, unverändert bleiben. — Analog könnte jeder andere Staat verfahren.

Der Kubikmeter Derbmasse ist eine sehr passende Einheit zum Summiren größerer Nutz- und Brennholzmassen. Dieselbe hat sich bereits in praxi in Hessen bewährt, wo der summarische Stecken, = 70 Kubikfuß, nur um ein Geringes (6 Kubikfuß) größer ist. Wollte man fragliche Einheit für zu klein erachten, so müßten ja unsere Geldeinheiten : Thaler, Gulden, Frank, welche für Tausende von Millionen angewendet werden, noch um so mehr für zu kleine Einheiten gelten!

Dieses Verfahren würde die Durchführung des Französischen Decimalmaßes auch nicht im Geringsten beeinträchtigen und außerdem alle unnöthigen Opfer ersparen, welche aus einer sofortigen Aenderung unserer Brennholz-Verkaufsmaße und Verordnungen über Sortiren des Brennholzes entsprängen. Da voraussichtlich auch über diese beiden Momente schließlich noch gemeinschaftliche Bestimmungen getroffen werden, so wären jene Opfer doch nur einem neuen Provisorium gebracht.

Eine sofortige Umwandlung unserer Verkaufsmaße lediglich aus dem Grunde, um ihren Raumgehalt in ganzen Kubikmetern (wie jetzt in ganzen Kubikfußen) aufgehen zu lassen, ließe sich nicht rechtfertigen. Einmal würde nicht im Geringsten die Reduction in summarische Stecken erleichtert, wenn sich in Folge jener Umwandlung die Mengen der Verkaufsmaße durch ganze Kubikmeter und einfache Bruchtheile ($^3/_4$, $^1/_2$, $^1/_4$) derselben, anstatt durch Kubikmeterzahlen mit Decimalbrüchen, ausdrücken ließen. Außerdem erfolgte ja auch noch im einen, wie im andern Fall, die Umwandlung mittelst Hilfe von Tabellen. Sodann läßt sich die Reduction auch nicht durch Formirung einfacher Verhältnißzahlen des Derbholzgehalts, etwa durch deren Abrundung auf Eine Decimalstelle, erleichtern. Dieß könnte nur auf Kosten der Genauigkeit, unter Umständen mit Begehung sehr beträchtlicher Fehler, geschehen. Das **einzige Verfahren** endlich, welches die Reduction im denkbar intensivsten Grade auf praktische Weise vereinfacht, gestattet gar nicht jenes Aufgehenlassen der Rauminhalte in ganzen Kubikmetern und einfachen Bruchtheilen. Voraussichtlich wird aber gerade diese Methode dereinst ins Leben treten : „Sie formirt nämlich ganz einfach die Verkaufsmaße in der Weise, daß sich deren Zahl entweder unmittelbar oder durch bloßes Verrücken des Decimalzeichens in summarische Stecken verwandelt." Nur diese Methode überhebt jeder lästigen Reduction, wie unten *) nachgewiesen ist. Nur ein solcher

---

*) Nach zahlreichen von den Forstbeamten des Großherzogthums angestellten Versuchen, deren Resultate im Hessischen Staatsrecht veröffentlicht wurden, besitzt im Durchschnitt:

1 concreter Stecken Scheitholz 67.8 % Derbholzmasse
1 „ „ Prügelholz 57.7 „ „
1 „ „ Stockholz 44.9 „ „
1 Welle Reisholz 24.3 „ „

Hätten sich nun die Regierungen der deutschen Staaten geeinigt, den Kubikmeter Derbholzmasse als summarischen Stecken (d. h. als Einheit, in welcher die Ergebnisse an Nutz- und Brennholz bei der Summirung ausgedrückt werden,) zu wählen, und zugleich die concreten Stecken so zu formiren, daß der Raum r eines jeden netto Einen Kubikmeter Derbholz enthielte, so berechnete sich das r Eines Steckens:

Scheitholz $\left(\text{aus } r \times \frac{67.8}{100} = 1 \text{ Kubikmeter}\right)$ zu 1.4749 Kubikmetern

Prügelholz $\left(\text{aus } r \times \frac{57.7}{100} = 1 \text{ Kubikmeter}\right)$ zu 1.7331 Kubikmetern

Stockholz $\left(\text{aus } r \times \frac{44.9}{100} = 1 \text{ Kubikmeter}\right)$ zu 2.2272 Kubikmetern,

nnd zählte dann jeder concreter Stecken als summarischer Stecken.

Erhielten nun sämmtliche concreten Stecken die gemeinschaftliche Höhe = 1 Meter und die gemeinschaftliche Scheitlänge = 1.25 Meter, so ergäben sich ihre Breiten b aus den Relationen:

$1 \times 1.25 \times b = 1.4749$, woraus $b = 1.1799$ Meter folgt
$1 \times 1.25 \times b = 1.7331$, woraus $b = 1.3865$ Meter folgt
$1 \times 1.25 \times b = 2.2272$, woraus $b = 1.7817$ Meter folgt,

und wären die auf 2 Decimalen abgerundeten Dimensionen und Rauminhalte ausgedrückt in Metern:

	Höhe		Länge		Weite		Rauminhalt
Eines concreten Steckens Scheitholz	1	×	1.25	×	1.18	=	1.47
„ „ „ Prügelholz	1	×	1.25	×	1.39	=	1.74
„ „ „ Stockholz	1	×	1.25	×	1.78	=	2.23.

Die durch die Abrundung begangenen Fehler betragen in % des richtigen Raumgehalts:

beim Scheitholzstecken $= \frac{(1.4749 - 1.47)\, 100}{1.4749} = 0.33$ pC. zu wenig

beim Prügelholzstecken $= \frac{(1.74 - 1.7331)\, 100}{1.7331} = 0.40$ pC. zu viel

beim Stockholzstecken $= \frac{(2.23 - 2.2272)\, 100}{2.2272} = 0.13$ pC. zu viel.

Diese Fehler wären an und für sich ohne alle Bedeutung und ganz verschwindend gegen die seither begangenen.

einfacher und zeitersparender Kubirungsmodus rechtfertigt endlich hinlänglich die Opfer und Unbequemlichkeiten, die mit der Bildung neuer Verkaufsmaße und, wenn nöthig, neuer Vorschriften für Sortiren des Brennholzes verbunden, aber nur Einmal zu tragen sind, wie z. B. Beseitigung von Reclamationen in Folge bestehender

---

Der 2 Meter lange Maßstab des Holzsetzers wäre in Centimeter einzutheilen, um die Dimensionen direct abzulesen und die hauptsächlich zu brauchenden 5 Zahlen : 100; 118; 125; 139 und 178 mit besonderen Zeichen zu versehen (oder mit stärkeren Ziffern einzuschlagen) zur raschen und sicheren Auffindung.

Bei dieser Einrichtung drückt zugleich die in Metern angegebene Höhe der Verkaufsmaße genau deren Beträge (Ganze oder Bruchtheile) in summarischen Stecken aus!!

Was nun noch das Reisholz betrifft, so kann Ein Gebund (Welle) weder 1 noch 0.1, noch 0.01 Kubikmeter Derbmasse besitzen. Es wären die beiden ersten Massen (64 und 6.4 Hessische Kubikfuß) zu groß, die letzte (0.64 Kubikfuß) zu gering. Dagegen könnte man recht gut der Welle 0.02 Kubikmeter (1.28 Kubikfuß, also 0.28 mehr wie seither) Derbmasse und sonach $\frac{0.02 \times 100}{24.3} = 0.0823045$ Kubikmeter Rauminhalt mit den Dimensionen 1.25 Meter Länge und 0.29 Meter Dicke geben. In diesem Falle betrüge der Rauminhalt Einer Welle = 0.0825649 und die Derbmasse = 0.02006 Kubikmeter und der durch die Abrundung der beiden Dimensionen auf 2 Decimalstellen begangene verschwindende Fehler $= \frac{(0.02006-0.02)\,100}{0.02006} = 0.30$ pC. der wahren Masse.

Als Resume gilt deshalb Folgendes :

Während die Zahl der concreten Verkaufsmaße Scheit-, Prügel- und Stockholz (oder auch deren in Meter ausgedrückten Höhen) die Zahl der summarischen Stecken direct angeben, hat man, zur Verwandlung in letztere, die Zahl der Reisholzwellen zu verdoppeln und zwei Stellen, dagegen von der Hektoliterzahl Nutzholz (wie wir früher sahen) Eine Stelle abzuschneiden. — Hierdurch hätte man der Reduction den denkbar größten Grad der Vereinfachung und zugleich den Verkaufsmaßen solche Dimensionen gegeben, die sich in praxi bereits bewährt haben, da sie mit den in Hessen bestehenden nahezu oder vollkommen übereinstimmen.

So z. B. verwandeln sich die Verkaufsmaße einer Fällung im Betrage von :
1019 Hektoliter Nutzholz, sodann
85 ganzen Stecken Scheitholz + einem Rest von 0.25 Meter Höhe,
10 ganzen Stecken Prügelholz + einem Rest von 0.12 Meter Höhe,
62 ganzen Stecken Stockholz + einem Rest von 0.87 Meter Höhe,
3278 Wellen Reisholz

Berechtigungen; ungegründete Erhöhung der Hauerlöhne und Mindererlöse für neue Verkaufsmaße bis zur richtigen Erkenntniß des wahren Sachverhalts; Umrechnung alter Maße in neue in den Ertragsregelungen, Betriebsnachweisungen rc.; Ermittelung neuer Procentzahlen für Derbholzgehalte bei beträchtlicher Aenderung der Verkaufsmaß-Dimensionen oder der Vorschriften für Sortirung des Brennholzes u. d. m.

Haben wir jedoch nicht mehr mit Verkaufsmaßen im practischen Leben, sondern mit Größenangaben in der Wissenschaft zu thun, so gebrauchen wir ausschließlich den Meter, den Deci-, Centi- und Millimeter in seinen 3 Potenzen und mit so vielen Decimalstellen, als ein festgesetzter Genauigkeitsgrad (z. B. 1%) verlangt.

6) Wenn endlich die **vortheilhaftesten Kubirungsmethoden** (2 d) durch anzustellende Versuche vorerst ermittelt werden sollten, so würde wieder die Construction untadelhafter Tafeln in die blaue Ferne gerückt. Es mögen deshalb auch hier die Bureaus alsbald entscheiden, nachdem sie allenfalls ihre Ansichten ungesäumt einer öffentlichen Kritik unterbreitet haben.

Nach meiner Meinung wären die Einzelstämme zu kubiren mittelst a) Messens der Längen und mittleren Durchmesser der Scheit- und Prügelholz-Sectionen und b) Wiegens des gesammten Reis- und Stockholzes (Stockabschnitts + Wurzeln). Durch Messen und Wiegen einiger regelmäßigen Stücke Reis- und Stockholz ermittelt man das Gewicht der Körpereinheit und mit dessen Hilfe den kubischen Inhalt beider Sortimente. — Genaue Erhebung mittlerer Durchmesser und genaue Kreisflächentabellen sind nöthig, um auch bei jeder Einzelmessung nur einen geringen procentischen Fehler zu begehen. Dieser Punkt ist wichtig,

---

ganz einfach in:

101.90	summarische	Stecken	Nutzholz
85.25	„	„	Scheitholz
10.12	„	„	Prügelholz
62.87	„	„	Stockholz
22.78 / 32.78	„	„	Reisholz
325.70	„	„	in Summe.

weil α) für jede einzelne Stamm- (Stärke und Höhe-) Klasse der Massetafeln im Allgemeinen nur wenig Stämme gemessen werden, besonders bei geringen Abstufungen der Durchmesser und Höhen; weil β) sich vermeidliche Fehler zu unvermeidlichen addiren können, und γ) genaue Erhebung bei **vollkommenen** Hilfsmitteln keinen höheren Zeitaufwand veranlassen, als ungenaue. Gleiches gilt für die Probestämme bei Ertragsversuchen.

Was die Kubirung normaler Bestände oder Bestandsstücke betrifft, so wäre ein praktisches Verfahren zu wählen, welches die schärfsten und immer die nämlichen Resultate ergibt, einerlei von welchen Taxatoren die Aufnahme erfolgt — vorausgesetzt, daß diese gleiche Sorgfalt anwenden. Alles arbiträre Ermessen ist auszuschließen. Bei der Aufnahme wäre nämlich eines jeden Stammes Totalhöhe mit dem Hypsometer und mittlerer Durchmesser in Brusthöhe mit der Kluppe zu messen, um nach den in §. 2 gemachten Andeutungen die Masse mit nahezu mathematischer Genauigkeit zu ermitteln.

7) Würden die am gemeinsamen Werk sich Betheiligenden den forststatischen Versuchbureaus Nachricht geben über Natur des Materials — Holzart, Länge, Stärke, Alter der Bäume — welches sie für die Massetafeln zu liefern vermöchten, um den Bureaus einen Ueberblick über die ihnen zur Disposition stehenden Mittel zu verschaffen, so könnte durch eine angemessene Arbeitstheilung in kürzester Zeit der mannigfaltigste Stoff zur Bildung von Massetafeln eingesendet werden. Diese könnte man auf verschiedene Weise einrichten.

Erste Art. Die Tafeln enthalten für jeden Einzelstamm die Gesammtmasse — am besten pro Flächeneinheit in Brusthöhe.

Bei kleinen Abstufungen der Durchmesser (nach Centimetern) und der Höhen (nach 0.2 Metern) hätte man — den von mir angestellten Untersuchungen nach zu schließen — wahrscheinlich keine besondere Gruppirung nach Altern zu machen, sondern es würden ausschließlich Höhen und Stärken ausreichen, um die Rahmen zu bilden, in welche die Tafelmassen sich einschließen ließen.

Ob es sich empfiehlt, die Abstufungen constant zu machen oder mit Stärke und Höhe der Stämme wachsen zu lassen, darüber muß das gesammelte Material selbst Aufschluß geben.

Zweite Art. Die Tafeln enthalten für jeden Einzelstamm

a) die oberirdische Holzmasse;

b) die unterirdische Holzmasse (Wurzeln).

Letztere findet man durch Abschneiden des Stocks (von den sorgfältig umgerodeten Stämmen) unmittelbar über dem Boden. Diesen Schnitt erfordert schon die Altersbestimmung.

Ein zweiter Schnitt trennt den Wurzelhals vom Stamme (in einer, wie bereits oben bemerkt, durch die Bureaus festzustellenden Länge), um nur behufs Feststellung der Sortimentsverhältnisse das gesammte Stockholz (b + Wurzelhals) für sich zu erhalten.

Dritte Art. Die Tafel enthält für jeden Einzelstamm, wenn Durchmesser und Totallänge minus constanter Brusthöhe gegeben sind:

a) die Gesammtmasse oberhalb der Brusthöhe;

b) die unterirdische Masse (Wurzeln) wie vorher.

Dagegen fehlt das Stück zwischen Brusthöhe und Bodenoberfläche, dessen Inhalt = e sei.

Diese Art der Tafeln verdient wenigstens vom theoretischen Standpunkte aus betrachtet den Vorzug wegen größerer Schärfe bei Masseaufnahmen. — Denken wir uns z. B. einen zu kubirenden Bestand in zwei Etagen getheilt, deren Grenze die Brusthöhe bildet, so können wir die wahre mittlere Höhe und deshalb auch mit Hilfe der Tafeln die Holzmasse der oberen Etage mit größter Genauigkeit bestimmen *); sodann erheben wir das oberirdische Holz (d. i. die Summe sämmtlicher e) der unteren Etage durch directe Messung der mittleren Durchmesser und das unterirdische Holz (b) wieder mittelst der Tafeln. Hier sind also sämmtliche Stämme in ganzer und halber Brusthöhe zu kluppiren. — Einfacher, nur etwas weniger scharf, verfährt man, wenn man zu der Tafelmasse (a + b) der berechneten und aufgesuchten Probestämme noch deren direct erhobenes e addirt und sodann die Gesammtmasse der Probestämme auf bekannte Weise in Rechnung bringt. In diesem Falle sind

---

*) Der Beweis dürfte im ersten Abschnitt meiner Schrift: „zur Holzmassen-Ermittelung, Bonitirung und Kritik der Taxationsmethoden" auf doppelte Weise erbracht worden sein.

sämmtliche Stämme in ganzer und nur die Probestämme in halber Brusthöhe zu kluppiren.

Den Anhang zu einer jeden Massetafel — mag dieselbe auf die eine oder die andere Weise construirt sein — bildet eine besondere Tafel, welche die zur Einheit sich ergänzenden Sortimentsverhältnißzahlen der Gesammtmasse enthält. Ueber die Frage, ob diese Zahlen wieder für jeden Einzelstamm oder für Stammgruppen und für welche aufzustellen seien, kann nur das gesammelte und nach Sortimenten geschiedene Material entscheiden. Bei Bildung der Zahlen wäre die Gesammtmasse ausschließlich als Brennholz zu betrachten, weil ein Ausscheiden von Nutzholz zu viel von dem Ermessen des Einzelnen und von localen Bedürfnissen abhängt. Etwa könnte noch das mögliche Nutzholzprocent angegeben werden.

8) Behufs der Construction der Ertragstafeln sollten sämmtliche Mitarbeiter den Versuchbureaus eine Uebersicht über diejenigen normalen Bestände geben, welche taugliches Material liefern und eine genaue Beschreibung der Standorts- und der Bestandsbeschaffenheit und der Begründungsweise beifügen. Die Bureaus mögen dann die Bestände bezeichnen, welche jeder Mitarbeiter eine Reihe von Jahren hindurch jährlich aufzunehmen hat. Jede Reihe der Resultate auf einer Versuchsstelle bildet dann für sich das Stück einer Tafel, welches in dem betreffenden Lebensabschnitt den Zuwachsgang der prädominirenden und Durchforstungsmasse darstellt. Durch Zusammenstellung des Gleichartigen wird aus den Stücken die ganze Tafel znsammengesetzt.

Die Altersserien, für welche die jährlichen Aufnahmen erfolgt sind, müssen so aneinander schließen, daß keine Lücken in dem ganzen Zeitraum, über welchen sich die Tafel erstreckt, mehr vorkommen.

Denken wir uns die Resultate auf den zu einer Bonitätsklasse *) gehörenden Versuchsstellen graphisch in der Weise nebeneinander verzeichnet, daß die Bestandsalter durch Abscissen, die prädominirenden Holzmassen durch Ordinaten dargestellt werden,

*) Bonitätsklasse ist der Complex von Beständen mit **gleichem** Zuwachsgang.

und denken wir uns ferner die Endpunkte der letzteren mit Curven verbunden, so werden die Curvenstücke durch Reduction auf Eine Bonität in Zusammenhang gebracht, so daß eine einzige Curve entsteht. Wird diese nöthigenfalls noch so corrigirt, daß sich darin das allgemeine Zuwachsgesetz (Steigen, Gleichbleiben und Fallen des Zuwachses) ausspricht, was der Fall ist, wenn die Curve von vorn herein convex gegen die Abscissenaxe geneigt ist, sodann aus dieser Form in die gerade Linie und von dieser wieder in die concave Form übergeht — so erhält man eine rationelle Tafel.

Drücken wir die während der Untersuchungen erfolgten Durchforstungserträge in Procent des laufenden Zuwachses an der prädominirenden Masse aus, so sind Unregelmäßigkeiten in diesen ebenfalls graphisch zu verzeichnenden Zuwachsprocenten nicht minder leicht zu corrigiren.

Wollte man an dem so gesammelten Material der Ertragstafeln aussetzen, daß zuverlässige Bestandsaufnahmen erst dann erfolgen könnten, nachdem vollkommene Massetafeln vorlägen (weil die wenigen Probestämme, die wir fällen, nicht die normalen Gehalte der Massetafeln enthielten), so wäre dieß allerdings ein gegründeter Einwand, allein kein durchschlagender Grund gegen ungesäumtes Angreifen unseres Versuchsobjects. Es können ja, wenn wir jährlich die Höhen und Durchmesser aller Stämme unserer Versuchsstellen aufnehmen und die mittleren Höhen und Stärken der Probestämme berechnen, später, nachdem vollkommene Massetafeln vorliegen, die Masseberechnungen und die Zerlegung in Sortimente nochmals mit Hilfe der Massetafeln ausgeführt und bei sich ergebenden nennenswerthen Differenzen die Ertragstafeln corrigirt werden.

Wohl könnten wir in einer kurzen Reihe (5—10) Jahre auf vorbemerkte Weise in den Besitz zuverlässiger Masse- und Ertragstafeln gelangt sein.

II.

Messung der Baumhöhen.

§. 2.

Welche Fälle bedingen die Messung der Baumhöhen?

1) Gegenwärtig erfolgt eine Höhenmessung hauptsächlich nur bei Kubirung von Einzelstämmen im Stande mittelst Formzahlen oder geeigneten Kubirungsformeln.

a) Bei Aufnahme ganzer Bestände, welche nicht zum Zweck einer forststatischen Untersuchung erfolgt, thut man wohl, dieselben in Elementarbestände *) zu zerlegen, wenn sie nicht solche sind. Für jeden Elementarbestand sucht man die mittlere Kreisfläche, aus dieser den mittleren Durchmesser und fällt nun eine angemessene Zahl normaler Stämme mit der gefundenen Stärke in passenden Entfernungen von einander durch den ganzen Bestand in derjenigen Richtung, in welcher sich die mittlere Bestandsbeschaffenheit ausspricht **). Auf solche Weise macht man sich ganz unabhängig von der Höhenmessung und findet dennoch die mittlere Bestandshöhe mit einer für die Praxis genügenden Genauigkeit in dem Probeholz ausgedrückt. Diese Methode, die Probestämme zu wählen, wird nach meiner Ueberzeugung jeder Praktiker, der das

---

*) Alle Bestände lassen sich eintheilen in zwei Klassen:

a) in elementare, d. h. solche, welche gleichalterig sind und aus Einer Holzart bestehen;

b) in combinirte. Diese sind entweder α) ungleichalterig oder β) aus verschiedenen Holzarten oder γ) aus verschiedenen Altersklassen und Holzarten zusammengesetzt. Ein combinirter Bestand besteht sonach aus so vielen Elementarbeständen, als Holzarten und Altersklassen vorkommen.

**) Aus dem Verhältniß der Kreisflächensumme der gefällten Probestämme zu deren Holzmasse und aus der Kreisflächensumme des Bestandes findet man dessen Holzmasse.

2 *

Wesen der Holzmassen-Aufnahme durchdrungen hat, billigen und wohl immer befolgen — mögen die Probeholzmassen zur Ermittlung der gegenwärtigen Vorräthe α) in concrete Verkaufsmaße aufgearbeitet (für Bestände, welche demnächst zum Abtrieb kommen) oder β) sectionsweise kubirt werden (für Bestände, welche in spätere Perioden fallen). Im ersten Fall (α) braucht man die Höhen der Probestämme gar nicht zu wissen und im zweiten Fall (β) nur **dann, sobald** einmal vollkommene Massetafeln zu Gebot stehen. Dann hat man aber auch in diesem zweiten Fall behufs der Vorrathsbestimmung gar keine Probestämme mehr zu fällen, sondern dieselben nur in der oben bemerkten Weise durch den ganzen Bestand hindurch auszusuchen und ihre Höhen **möglichst genau** zu bestimmen *).

b) Wenn nun auch dieser Grund, Höhen von Einzelstämmen genau zu messen, erst in der Zukunft (beim Disponiren über zweckmäßige Massetafeln) scharf hervortritt, so macht sich doch jetzt schon ein anderer Grund dafür geltend, nämlich die möglichst präcise Erhebung der Holzmassen auf forststatischen Versuchsflächen.

In meiner Schrift: „über Holzmassenermittlung, Bonitirung und Kritik der Taxationsmethoden" ist in §. 3 nachgewiesen **), daß der wahre mittlere Modellstamm eines Elementarbestandes derjenige ist, dessen

---

*) In Anbetracht des Umstandes, daß man sich mit jedem Fuß der Höhe um 1 % der Holzmasse verschätzen kann.

**) Der Beweis ist auf zweierlei Art erbracht: Erstens empirisch mit Hilfe der Massetafeln dadurch, daß man Tafelstämme verschiedenster Stärke und Höhe zu Einem Bestande zusammenstellt und sodann den wahren mittleren Modellstamm wieder mittelst der Tafeln durch Interpolation genau kubirt. Derselbe besitzt dann die durchschnittliche Holzmasse Eines Stammes.

Zweitens dürfte dort der Beweis auch theoretisch erbracht sein und zwar mit Hilfe der in meiner Schrift entwickelten Formel XXIV, welche für Theile von Baumschäften, und der Formel XXVII, welche für ganze Baumschäfte gilt. Unter allen bis jetzt aufgestellten Formeln sind jene die einzigen, welche nicht blos für Walze, gemeinen Kegel, Paraboloid und Neiloid, sondern auch für alle denkbaren unzähligen Zwischenformen mit gleicher mathematischer Schärfe gelten.

Bildet man nun eine beliebige Gruppe von Schafttheilen (irgend Einer

$$\text{Kreisfläche} = \frac{\text{Bestandskreisflächen-Summe in Brusthöhe}}{\text{Stammzahl}}$$

und dessen

$$\text{Höhe} = \frac{\text{Summe aller Producte : Stammlängen} \times \text{Kreisflächen}}{\text{Bestandskreisflächen-Summe}}$$

sind.

Was für den einfachen Bestand richtig ist, gilt auch für jeden, aus verschiedenen Holzarten und Altersklassen combinirten. Man kann ihn ja in so viele einfache Bestände zerlegen, als Holzarten und Altersklassen vorkommen, und letztere sich flächenweise getrennt denken, um sie wie Elementarbestände zu behandeln.

Eine derartige Rückführung der verwickeltsten Fälle auf den einfachsten kann, wie ich schon bei anderen Gelegenheiten bemerkte, nicht blos bei Aufnahme gegenwärtiger Holzvorräthe, sondern auch bei Berechnung künftiger Abtriebserträge mit Hilfe obiger Betrachtungsweise leicht bewirkt werden.

Will man also die Bestandsmasse auf einer forststatischen Versuchsfläche mit größter Schärfe berechnen, so ist eines jeden Stammes Durchmesser in Brusthöhe über dem Boden mittelst der Kluppe und dessen Totallänge mittelst des Maßstabes oder Hypsometers zu messen und der wahre mittlere Modellstamm jedes Elementarbestandes *) nach Obigem zu bestimmen. Hierauf sind

---

Baumform angehörend), welche, von Brusthöhe bis Wipfelende reichend, die verschiedensten Höhen und Stärken besitzen, und berechnet mit Formel XXIV den Inhalt Eines solchen Schafttheils von der mittleren Stärke und wahren mittleren Höhe, so kommt er genau dem durchschnittlichen Inhalt aller Schäfte gleich. (Sind also mittlere Stärke und Höhe bekannt, so kann man die Schaftmasse eines Bestands oberhalb der Brusthöhe berechnen und ist hierzu noch die direct zu erhebende Masse unterhalb der Brusthöhe zu addiren. Auf diese Verhältnisse gründet sich die dritte vorhin Seite 13 in §. 1 vorgeschlagene Constructions-Methode der Massetafeln.)

Combinirt man dagegen, in analoger Weise wie vorher verfahrend, Gruppen von ganzen Baumschäften und rechnet demgemäß mit Formel XXVII, so ist der Inhalt des wahren Modellstamms nur ein Näherungswerth des durchschnittlichen Inhaltes Eines Stammes, und fällt dieser Näherungswerth erst von einer gewissen Grenze an nahezu mit dem wirklichen zusammen.

*) Nur in einigen Ausnahmsfällen wird zur Erreichung spezieller Zwecke der einfache Bestand noch einmal in wenige Stärkeklassen zerlegt und eine jede der letzteren für sich als Elementarbestand behandelt. Dieß geschieht z. B. zur Ermittlung der Sortimentsverhältnißzahlen, welche den Bestandsaltern einer Ertragstafel entsprechen, für den seltenen Fall, daß die mittleren Modell-

außerhalb der Versuchsfläche mehre Exemplare jenes Probestammes zu fällen, um jedesmal aus der durchschnittlichen Masse den Inhalt eines Modellstammes von dem Charakter des entsprechenden Massetafel-Stammes zu erhalten. Mangelt es an Stämmen von den berechneten Dimensionen, so sucht man für jedes Exemplar die nächst schwächeren und stärkeren und zugleich niederen und höheren Nachbarstämme — und schließlich durch Interpolation den Massegehalt des berechneten. (Die Bestandsmasse selbst findet man nach bekannten Regeln.) Diese Mühe darf nicht verdrießen, wenn es gilt, zur Auffindung und Feststellung von Naturgesetzen auf kleinen Flächen die schärfsten Resultate in einer den Zeitaufwand noch lohnenden Weise zu erzielen. — Ueberhaupt werden wir uns in dieser Beziehung noch zu ganz anderen Anschauungsweisen, als unsere jetzigen sind, über zulässige Einfachheit des Verfahrens bequemen müssen.

In dem V. Bande, 3. Hefte 1864 der Supplemente der Allgemeinen Forst- und Jagdzeitung Seite 136 sagt Herr Preßler: „Bezeichnet G die gesammte Grundfläche eines Bestandes, h und f dessen mittlere oder Durchschnittshöhe und Formzahl, ferner $g_1 g_2 \ldots h_1 h_2 \ldots f_1 f_2$ die Grundflächen, Höhen und Formzahlen jeder Stammklasse, so ist oder soll sein

$$G.h.f = g_1h_1f_1 + g_2h_2f_2 + g_3h_3f_3 + \ldots \quad (1)$$

Nur aber wenn $f = f_1 = f_2 = f_3 \ldots$ (2)

kann man hieraus folgern

$$h = \frac{g_1h_1 + g_2h_2 + g_3h_3 + \ldots}{G} \ldots \quad (3)$$

Hätte Herr Preßler gesagt:

wenn $f = f_1 = f_2 = \ldots$ so kann man hieraus folgern $h =$ &c.",

so wäre nichts dagegen zu bemerken. Da er aber mit seinem

„nur aber"

alle übrigen Fälle ausschließt, so kann eine solche Beweisführung **nicht** gelten.

---

stämme eines Elementarbestandes nicht auch zugleich als die Repräsentanten der mittleren Sortimentsverhältnißzahlen gelten können.

Aus Gleichung (1) folgt nämlich:

$$f = \frac{g_1h_1f_1 + g_2h_2f_2 + g_3h_3f_3 + \dots}{G \,.\, h}$$

oder wenn für h der Werth (3) eingeführt wird:

$$f = \frac{g_1h_1f_1 + g_2h_2f_2 + g_3h_3f_3 + \dots}{g_1h_1 + g_2h_2 + g_3h_3 + \dots} \dots \quad (4)^{*)}$$

In allen unzähligen Fällen, in welchen also die Stämme eines Bestandes der Relation (4) genügen, besteht auch Relation (3) und ist sonach diese mittlere Höhe die richtige. — Auf die Frage nun, ob Relation (4) in der Natur existire, können gerade die bereits aufgestellten Bayrischen Massetafeln Auskunft geben. Wenn im Allgemeinen jede Combination ihrer Stämme von den verschiedensten Stärken und Höhen der Relation (4) in frappanter Weise entspricht, so dürfte an dem Satze: „In einer Stammgruppe eines einfachen Bestandes besitzen die Stämme mittlerer Stärke und Höhe (3) auch die mittlere Reductionszahl (4)" nicht mehr gut zu zweifeln sein.

Zur Begegnung von Spitzfindigkeiten setzt man hierbei voraus, daß dieser mittlere Stamm für's Erste durch Interpolation gesucht wird, sobald seine Dimensionen nicht genau mit den berechneten übereinstimmen, daß er ferner im Allgemeinen den Charakter der Tafelstämme besitzt, d. h. befreit ist von allen, den Einzelindividuen anklebenden Unregelmäßigkeiten, und daß endlich in angemessener Höhe über dem Boden, in welcher die Unregelmäßigkeiten durch Wurzelanläufe wegfallen, die Grundfläche sämmtlicher Stämme erhoben wird.

Die Vermuthung liegt nahe, daß obige Relationen rc. nicht blos gelten, wenn die Grundflächen und Reductionszahlen für eine constante Höhe über dem Boden, sondern auch für einen aliquoten Theil der Stammlänge ermittelt sind.

Wie in meiner früher erwähnten Schrift nachgewiesen ist, empfiehlt es sich bei besonders genauen Bestandsaufnahmen, die vorhin entwickelten Relationen ausschließlich für die Stammtheile über der gemessenen Grundfläche gelten zu lassen und alle unteren (gleichlangen) Sectionen durch Kluppiren in der Mitte rc. besonders für sich zu kubiren.

---

*) Für $g_1g_2g_3 \dots$ könnten auch die Quadrate der Stammdurchmesser $d_1d_2d_3$ gesetzt werden.

§. 3.

Wie lösen unsere jetzt gebräuchlichen Hypsometer ihre Aufgabe?

1) Die Construction aller jetzt gebräuchlichen Hypsometer und sonach die Höhenbestimmung selbst erfolgt immer nach denselben Principien:

a) Unter der Voraussetzung, daß die Stämme genau vertikal stehen, wird

b) die Entfernung E des Beobachters von dem Stammfußpunkt gemessen und auf dem Instrument als verjüngte Linie abgegriffen; eben so werden

c) von dem Endpunkte dieser Linie aus bis an die Pendelschnur die beiden Perpendikel abgelesen, welche durch Einvisiren des Gipfel- und Fußpunktes entstehen und die Höhendifferenzen zwischen Auge des Beobachters einerseits und Stammspitze und Fußpunkt anderseits in gleicher Verjüngung angeben;

d) steht das Auge höher als der Fußpunkt, so sind beide Perpendikel zu summiren, im anderen Falle sind sie von einander abzuziehen, um die Baumhöhe zu erhalten. Befindet sich endlich Auge mit Fußpunkt in gleichem Niveau, so entsteht nur Ein Perpendikel, welcher die Baumhöhe ausdrückt.

2) Die fraglichen Hypsometer weichen nur durch mehr oder minder sorgfältige Ausführung von einander ab und geben dem entsprechend die gesuchten Längen mehr oder minder genau an, worauf wir übrigens hier nicht näher eingehen können. Sie kommen aber darin mit einander überein, daß der schwingende Pendel, namentlich bei windigem Wetter (in freier Hand gehalten), ein bequemes und sicheres Ablesen hindert, und daß sie, wie schon erwähnt, vertikale Schaftaxen unterstellen. Gewöhnlich sind diese aber schief. So neigen sich die Bäume an Hängen durch ihr Streben nach Licht meist abwärts. Aber auch in ebenen Lagen steht der größte Theil der Stämme nicht vertikal, wie man sich leicht durch die Schnur eines vor die Augen gehaltenen Senkels überzeugen kann. So oft aber die Bäume schief stehen, gelten bei Anwendung unserer Hypsometer folgende Sätze:

a) Im Allgemeinen ändert sich mit jedem neuen Standpunkt des Beobachters die abgelesene Baumhöhe.

b) Es existiren gewisse Serien von Standpunkten, von welchen aus allein die richtige Baumhöhe gefunden wird. Jene Serien sind aber nicht a priori zu bestimmen, sondern höchstens durch mühsames Probiren zu finden.

c) Die wahren Baumlängen können aus den abgelesenen mittelst besonderer Formeln berechnet werden.

Beweis.

Es sei (in Fig. 1) $AB = x$ die Länge einer Baumaxe, welche mit der durch den Stammfußpunkt A gezogenen Vertikalen AZ in Einer Ebene liegt. Befindet sich nun das Auge des die Baumhöhe Messenden in derselben Vertikalebene und zwar nach und nach in s, s′, s″, s‴, so liest der Beobachter ein und dieselbe Baumhöhe ganz verschieden, nämlich beziehungsweise als Ab, Ab′, Ab″, Ab‴ ab, weil die Theorie, auf welcher die Construction der Hypsometer beruht, den einvisirten Gipfelpunkt B jedesmal, in der Richtung der Visirlinie, in die Vertikale AZ, also successive nach b, b′, b″, b‴ verlegt.

Wie lassen sich nun die abgelesenen Längen allgemein ausdrücken?

Denkt man sich den Gipfelpunkt B auf die durch den Fußpunkt A gezogene Horizontale in p projectirt, so ist

$$Ap = eg = x \sin \alpha \text{ und}$$
$$Bp = x \cos \alpha .$$

Nun besteht :

$$es : gs = Be : bg, \text{ woraus}$$
$$bg = \frac{gs \,.\, Be}{es} = \frac{gs\,(Bp - ep)}{gs - eg} \text{ folgt.}$$

Setzen wir $ep = ms = Ag = h$, welche Höhe man auf dem Hypsometer beim Visiren nach dem Fußpunkt direct abliest und $gs = E$, welches die gemessene Entfernung des Beobachters vom Stammfußpunkte ist, so ergibt sich nach den betreffenden Substitutionen :

$$bg = \frac{E\,(x \cos \alpha - h)}{E - x \sin \alpha} .$$

Die mit dem Hypsometer in s gefundene Baumhöhe ist

$$Ab = H = Ag + bg = h + \frac{E(x\cos\alpha - h)}{E - x\sin\alpha}, \quad \text{woraus}$$

$$H = \frac{x(E\cos\alpha - h\sin\alpha)}{E - x\sin\alpha} \ldots\ldots \text{folgt} \quad (1).$$

Dagegen findet man aus dieser Relation die wahre Baumlänge

$$x = AB = \frac{E.H}{E\cos\alpha + (H - h)\sin\alpha} \ldots\ldots \quad (2).$$

Diese Formeln gelten für jeden beliebigen anderen Standpunkt s', s'', s'''.... Befindet sich das Auge des Beobachters über dem Niveau des Gipfelpunkts, so wird in (2) die Differenz H — h negativ. Steht das Auge unter dem Niveau des Stammfußpunktes z. B. in s''', so ergibt Formel (1) die abgelesene Stammlänge und Formel (2) die wahre Länge x durch einen Zeichenwechsel von h. Es ist nämlich

$$Be''' : b'''g''' = e'''s''' : g'''s''', \quad \text{woraus folgt}$$

$$b'''g''' = \frac{Be'''.g'''s'''}{e'''s'''} = \frac{(x\cos\alpha + h)E}{E - x\sin\alpha}$$

und sonach

$$H = b'''g''' - Ag''' = \frac{(x\cos\alpha + h)E}{E - x\sin\alpha} - h \quad \text{oder}$$

$$H = \frac{x(E\cos\alpha + h\sin\alpha)}{E - x\sin\alpha} \ldots\ldots \quad (3)$$

und daraus wieder

$$x = \frac{E.H}{E\cos\alpha + (H + h)\sin\alpha} \ldots\ldots \quad (4).$$

Zur Ermittlung der wahren Länge eines nicht vertikal stehenden Stammes aus der abgelesenen hätte man sich also in die durch die Stammaxe fallende Vertikalebene zu stellen, H und h mit dem Hypsometer, α etwa mit einem Böschungsmesser (aufgesetzt auf eine mit der Stammaxe parallel gehaltene Schnur) zu messen und endlich die so erhaltenen Werthe in die Relationen (2) beziehungsweise (4) zu substituiren.

In die genannte Vertikalebene haben wir uns überall auf dem Termin **dann** begeben, sobald eine vor unser Auge gehaltene Senkelschnur die Stammaxe deckt. (Hierbei setzen wir voraus, daß der Stamm gegen uns geneigt ist.)

Für den speziellen Fall, daß $AB = Ab'$ ist, fällt H mit x zusammen und folgt aus Formeln (2) und (4)

$$1 = \frac{E}{E \cos \alpha + (H \mp h) \sin \alpha} \quad \text{und daraus}$$

$$E = \frac{(H \mp h) \sin \alpha}{1 - \cos \alpha} \ldots\ldots \quad (5).$$

Dem Beobachter ist also die Möglichkeit gegeben, sich durch Vor-, Rück-, Auf- und Abwärtsbewegen in der Vertikalebene den Standort zu suchen, welchem die Relation (5) entspricht, um in der abgelesenen Höhe die wahre Baumlänge zu finden.

Der bei Anwendung unserer Hypsometer begangene absolute Fehler ist = Formel (1) — Formel (2) = H — x

$$= \frac{H\,[E\,(\cos \alpha - 1) + (H - h) \sin \alpha]}{E \cos \alpha + (H - h) \sin \alpha}.$$

Es ergibt sich ferner aus

$$\frac{\text{Formel (1)} - \text{Formel (2)}}{\text{Formel (2)}} = \frac{p}{100} = 0.0p,$$

$$\text{das Fehlerprocent } 0.0p = \frac{H - h}{E} \sin \alpha + \cos \alpha - 1 \qquad (A).$$

D. h. p gibt den Fehler in Procent der wahren Baumlänge (Formel 2) an. Aus der Relation:

Wirkliche Höhe × 0.0p = absoluter Fehler
= gemessene Höhe — wahre Länge, oder aus
x × 0.0p = H — x folgt endlich

$$\text{wahre Länge } x = \frac{H}{1.0p} \ldots \qquad (B),$$

d. h. nach Ermittlung des Fehlerprocents p finden wir die wahre Länge durch Division der mit dem Höhenmesser gefundenen Länge mit 1.0p.

Weicht z. B. ein Baum nur um 10° von der Vertikalen ab, und stellt sich der Beobachter etwa in derjenigen Entfernung (E = 33 Fuß) vom Stamm auf, die der geschätzten Länge gleichkommt, und findet er mit dem Hypsometer die obere Stammportion (H — h) = 44.7 und die untere (h) = 5, also die ganze Länge H = 44.7 + 5 = 49.7 Fuß, so ergibt sich aus Relation A

$$0.0p = \frac{44.7}{33} \sin 10^\circ + \cos 10^\circ - 1 = 0.22$$

$$\text{sonach } p = 100 \times 0.22 = 22$$

und begehen wir also einen Fehler, welcher 22 Procent der wahren Länge gleichkommt. Letztere ist endlich nach Formel (B)

$$= \frac{49.7}{1.22} = 40.8 \text{ Fuß}.$$

Der absolute Fehler ist = 49.7 — 40.8 = 8.9 Fuß.

Je nachdem der Beobachter seinen Standort wechselt, kann sich der Fehler vergrößern oder vermindern, resp. Null werden, wie nicht weiter erläutert zu werden braucht.

3) Ganz analoge Betrachtungen gelten für den Fall, daß der Beobachter in einer anderen, als in der durch die Stammaxe gehenden Vertikalebene steht.

Man führt diesen Fall auf den vorigen ganz einfach zurück, indem man den Gipfelpunkt des Stammes auf das Terrain projicirt und sodann vom Beobachtungspunkt aus über den Projectionspunkt nach dem Stammfußpunkt hinmißt, so daß die Entfernung E durch eine gebrochene Linie dargestellt wird, deren Länge E in obige Formeln zu substituiren ist.

Beweis.

In Fig. 2 befinde sich das Auge in s' und dieser Punkt wie früher innerhalb der, die Axe AB passirenden Vertikalebene. Es werde deshalb auch wieder Ab' = H anstatt der Länge AB als Baumhöhe abgelesen. Nun rücke der Beobachter von s' nach s in der Weise, daß er, in gleichem Niveau verharrend, sich um die Vertikale Bp in dem Bogen s's dreht, dessen Radius se = s'e = mp = m'p ist. Denkt man sich gleichzeitig um B den Stamm AB nach A'B im Bogen AA' (mit Radius Ap = A'p) und mit unverändertem Niveau des Fußpunktes umgedreht und sonach die Vertikale Ab' in die Lage A'b gebracht, so liegt Standpunkt s wieder in der durch die Stammaxe A'B gelegten Vertikalebene A'bsm, in welcher A'm = Am' = Ap + pm' = Ap + pm (sowohl die durch den Fußpunkt gehende Horizontale als auch die Entfernung (= E) des Beobachters vom Stammfußpunkt, und endlich ms unser früheres h bezeichnet. Mittelst des Hypsometers ergibt sich nunmehr in A'b = Ab' das frühere H. Wir befinden uns alsdann wieder im ersten Fall (Ziffer 2), für welchen die Formeln (**1**) bis (**4**) gelten. Nur ist für diese Formeln die Entfernung E des Fußpunktes A vom Beobachtungspunkt s nicht direct von s nach A, sondern über p (in der gebrochenen Linie Ap + pm) zu messen. Dieß geschieht, indem man den Gipfelpunkt B auf das Terrain (mit Hilfe eines Senkels) projicirt und von dem Projectionspunkte nach dem Fußpunkt des Stammes und Standpunkt des Instruments horizontal hinmißt. (Diese 3 Punkte fallen nur dann in Eine Linie — Fall Ziffer 2 —, wenn der Beobachtungspunkt in der durch die Baumaxe gelegten Vertikalebene sich befindet, oder auch wenn im Beobachtungspunkt die Schnur eines vor das Auge gehaltenen Pendels die Baumaxe deckt.)

4) Vorstehende Betrachtungen und Formeln sollen keine Veranlassung geben zu einer Correction des Verfahrens, nach welchem die Baumlängen mit unseren Hypsometern erhoben werden. Solch' mühsame Arbeit wäre in praxi nicht durchführbar. Sie sollen vielmehr nur

a) den Grad, bis zu welchem die Theorie der Einrichtung unserer Hypsometer eine vertikale Stellung der Bäume bedingt, mit mathematischer Schärfe ausdrücken und

b) die begangenen Fehler bei schiefer Stellung der Baumaxe mathematisch feststellen.

An den im Gebrauch befindlichen Hypsometern wäre außerdem noch auszusetzen, daß sie

c) im Allgemeinen nicht so correct gearbeitet sind, als es der Stand unserer Wissenschaft verlangen dürfte, und daß

d) eine jede Höhebestimmung die mühsame Erhebung der Entfernung des Beobachters vom Stammfußpunkt bedingt.

Allen diesen und noch anderen weiter unten angegebenen Mißständen wird begegnet durch das im nachstehenden §. näher beschriebene Instrument.

§. 4.

Neues Hypsometer.

1) Forstmann und Mechanikus müssen sich die Hände reichen, so oft ein forstliches Instrument anzufertigen ist, dessen Construction das technische Wissen eines Mechanikers erfordert.

Der Forstmann stellt fest, welche Aufgabe das Instrument lösen und welche Bedingungen es erfüllen soll. Die Art der Construction kann er nur in Umrissen angeben, die um so allgemeiner sind, je schwieriger jene ist.

Dagegen ist die ganze Verwirklichung des Projects und die Ausführung mit allen ihren Feinheiten Sache des Mechanikers, der seine Ideen zur Lösung des gestellten Problems auf eine

Weise zu verkörpern sucht, welche seine technischen Kenntnisse und Schöpfungskraft in gleichem Grad in Anspruch nehmen *).

Mit dem so vollendeten Instrument hat sodann wieder der Forstmann zu arbeiten, um allenfallsige Mängel und Unbequemlichkeiten, die erst bei der Handhabung in praxi sich fühlbar machen, dem Mechaniker anzuzeigen, der sie ganz oder möglichst zu beseitigen sucht. — Nur die auf solche Weise entstandenen Instrumente werden dem Theoretiker und Praktiker zusagen.

Dem Herrn Mechanikus Staudinger in Gießen habe ich die am Schlusse des vorigen §. aufgezählten Uebelstände vorgetragen und bemerkt, es müsse das Ideal eines Hypsometers vom forstlichen Standpunkt aus betrachtet:

a) correct aber möglichst einfach construirt sein;

b) ein bequemes und genaues Ablesen der Baumhöhen auch bei windigem Wetter gestatten und deshalb jede Pendelhilfe umgehen;

c) die wahren Längen der Bäume auch bei schiefer Stellung der Axen angeben;

d) die so zeitraubende Messung der Distanz des Beobachters vom Stammfußpunkt ersparen;

e) die ganze Baumlänge sogleich mittelst Einer Ablesung direct angeben — um nicht blos das Ablesen zweier Größen, sondern auch deren Addition resp. Subtraction zu vermeiden;

f) einen im richtigen Verhältniß zur Wichtigkeit und Genauigkeit der Arbeit stehenden Preis besitzen.

Herr Staudinger hat nun mit dem ihm eigenthümlichen Scharfsinn diese Aufgabe gelöst und ein Instrument **) gebaut, welches den gestellten Anforderungen derart entspricht, daß ihm die

---

*) Auch gehört noch zum Ressort des Mechanikers, die Vereinfachung bereits ausgeführter complicirter Constructionen, sowie Vervollkommnung der Durchführung bereits realisirter Ideeen und Principien an forstlichen Instrumenten. Im Allgemeinen sind hierzu ganz besonders die specifisch technischen Kenntnisse eines Mechanikers erforderlich.

**) Dasselbe habe ich bereits der XX. Versammlung süddeutscher Forstwirthe zu Aschaffenburg präsentirt und dort Zweck und Einrichtung näher angegeben.

größte Verbreitung gesichert sein dürfte. — Besonders dort wird der Hypsometer Eingang finden, wo man, dem Fortschritt der Wissenschaft Rechnung tragend, vollkommene Instrumente einführt; wo der Forstmann den Preis der Instrumente von einem Standpunkt aus beurtheilt, den z. B. der Geometer schon lange da einnimmt, wo die Geodäsie, auf der Höhe der Wissenschaft stehend, die billige Boussole verwirft, um den theuren Theodolit anzukaufen.

2) Das ganze Instrument besteht aus 3 Theilen:

a) der Visirlatte,
b) dem Stativ,
c) dem eigentlichen Höhenmesser.

ad a) An der weiß angestrichenen, vollkommen geraden und breiten Latte ab (Fig. 4), deren beide Enden durch Eisenbeschläge geschützt sind, befinden sich in gleichen Abständen von den Enden a und b zwei viereckige Visirbrettchen cd und ef mit je zwei weißen und zwei rothen Feldern, deren Grenzen in der Mitte zwei vertikal sich kreuzende Linien bilden. Die Kreuzpunkte beider Brettchen, sowie die Horizontalen cd und ef, stehen genau um 10 Fuß von einander ab; ferner ist cd von a und ef von b genau um 1 Fuß entfernt. — Die Latte ab kann bei dem Transport nach dem Walde hin und zurück durch Umklappen auf die halbe Länge reducirt werden.

ad b) Das hölzerne Stativ, von welchem in Fig. 3 nur der obere Theil unterhalb b abgebildet ist, unterscheidet sich von dem des Nivellirdiopters*) nur durch das Wegfallen des Stativstocks. Dieser ist hier entbehrlich, weil sich der Höhenmesser in ganz beliebigem Abstand von der Bodenoberfläche befinden kann. Die langen Spalten in den drei Stativfüßen gestatten einem jeden Fuß gleichzeitig eine drehende und auf- und abwärts gehende Bewegung, so daß sich die drei Fußspitzen einem jeden Terrain leicht zu accommodiren vermögen. (Es könnten jedoch auch die Spalten wegfallen.)

ad c) Der eigentliche Höhenmesser (Fig. 3) besteht im Wesentlichen aus zwei Theilen, dem Untersatze, welcher zum Befestigen auf dem Stative und zum Horizontalstellen dient, und dem Aufsatze, der das Ablesen der gesuchten Größen vermittelt.

---

*) Beschrieben und abgebildet in meinem Waldwegebau, sowie in dem Januarheft 1865 der Allgemeinen Forst- und Jagdzeitung.

Der Untersatz besitzt folgende Einrichtung. Auf den konischen Kopf des Stativs paßt dicht anschließend eine, der Länge nach theilweise aufgeschnittene konische Hülse a, die auf jenem durch Zudrehen der Klemmschraube b festgehalten wird. Mit dieser Hülse verbunden ist ein horizontalliegendes Kreuz c, welches in der Mitte kugelförmig ausgedreht ist. Ueber dem Kreuze c liegt ein zweites Kreuz d, das, mit einer in die genannte kugelförmige Vertiefung passenden Nuß e versehen, gegen die Horizontale in jeder Richtung verstellt werden kann. An zwei nebeneinander liegenden Enden des Kreuzes d sind, in der Richtung gegen die Hülse a hin beweglich, aber nicht drehbar, zwei Schrauben f angebracht, welche durch die correspondirenden Enden des Kreuzes c hindurchgehen und mit Muttern versehen sind, die gegen das Kreuz c drücken. An den zwei gegenüberliegenden Enden sind auf dieselbe Weise, wie die Schrauben f, zwei Stifte g angebracht, welche statt der Muttern mit genügend starken Spiralfedern versehen sind. Diese bewirken ein ständiges Andrücken der Muttern gegen das Kreuz c. Man hat es demnach durch Lösen oder Anziehen der Muttern in der Gewalt, das Kreuz d in jede gewünschte Lage gegen die Horizontalebene zu bringen. In die Nuß e ist von oben herab die Büchse für die Vertikalaxe eingebohrt, und ein Arm des Kreuzes d ist mit einer einfachen Klemme h versehen.

Der Aufsatz des Höhenmessers ist in folgender Weise eingerichtet. Ueber dem Kreuz d liegt die kreisrunde ebene Scheibe i, die, unten mit einer in der Nuß e einsitzenden stählernen Vertikalaxe versehen, in der Horizontalebene leicht herumgedreht, jedoch in jeder Lage durch die Klemme h festgehalten werden kann. Auf der oberen Fläche der Scheibe steht (an einer Seite derselben) eine mit Correcturschraube versehene Röhrenlibelle k, mittelst welcher die Horizontalstellung bewirkt wird. In der Mitte über der Vertikalaxe und zwar senkrecht zu derselben liegt in zwei auf der Scheibe i befestigten Lagern eine Welle l, welche um ihre Axe drehbar, aber durch eine (in einem der Lager befindliche) Klemmschraube m in jedem Momente der Drehung festgehalten werden kann. In der Mitte dieser Welle l ist ein Ansatzstück n, und an diesem wiederum zu der Welle l rechtwinkelig ein Prisma o — der sogenannte Maßstab — angebracht, das an der vorderen Seite in 130 Linien eingetheilt (und versilbert) ist. An dem unteren Ende des Prisma's o ist ein Objectivdiopter p mit zwei Haaren, von denen eines mit dem Null-, das andere mit dem Zehn-Punkt der Theilung correspondirt, unverrückbar befestigt. Ein weiteres Objectivdiopter befindet sich an dem auf- und abbewegbaren Schieber q, der zugleich einen Nonius im Verhältniß von 9 : 10 getheilt trägt, und correspondirt das Haar dieses Diopters mit dem Nullpunkte des Nonius. Durch das oben genannte Ansatzstück n ist im rechten Winkel zu der Welle l eine horizontale Axe gelegt, die an einer Seite mit der Platte r, an der anderen Seite mit der Bremsschraube s versehen ist. Die Platte r, die sich um die Axe leicht bewegen läßt, ist mit zwei Schienen versehen. In diese letzteren schiebt sich passend das zweite Prisma t, an dessen einem Ende das mit einem Spalt versehene Oculardiopter u befestigt ist, und bildet deshalb t den sogenannten Träger des Oculardiopters. Die Bremsschraube s ist so eingerichtet, daß durch ihr Anziehen der Träger nicht nur in Bezug auf seine Richtung zur Horizontalen, sondern auch in Bezug auf den Abstand des Oculardiopters u vom Objectivdiopter p, arretirt wird.

3) Nachdem nunmehr das Instrument beschrieben worden ist, soll das Verfahren beim Messen angegeben und mathematisch begründet werden.

Hierbei sind zwei Fälle zu unterscheiden: der zu messende Baum steht entweder senkrecht, oder er ist gegen die Horizontale geneigt.

Erster Fall.

Es sei in Fig. 5 die vertikalstehende Stammaxe AE von einem beliebigen Punkte aus zu messen.

Nachdem man an dem Instrument, welches durch die vollen Linien bv . is . ef . v$\overset{g}{\underset{m}{h}}$ dargestellt ist, die Drehscheibe ef (i in Fig. 3) horizontal, sodann den Maßstab bv (o in Fig. 3) vertikal gerichtet und gebremst, hierauf die Visirlatte BE parallel der Baumaxe neben den Stamm AE so gestellt hat, daß die breite Seite der Latte und die Stammaxe in Einer Vertikalebene liegen, so bringt man den Träger des Oculardiopters is (t mit u in Fig. 3) durch

Vor- und Zurückschieben und gleichzeitiges Auf- und Abwärtsdrehen in eine solche Lage, daß die Horizontalen auf den Brettchen in C und D mit den beiden Pferdehaaren in c und d *) des unteren festen Objectivdiopters (p in Fig. 3) gedeckt erscheinen, wenn man durch den Oculardiopter in der Richtung von s nach D und von s nach C visirt. Nach Arretirung des Trägers is durch seine Bremsschraube (s in Fig. 3) verschiebt man den beweglichen Objectivdiopter (q in Fig. 3) nach a, bis dessen Pferdehaar in der Visirlinie sA den Gipfelpunkt A deckt. Nunmehr liest man am Nonius die Zahl ad auf Zehntellinien genau ab und findet durch Hinzufügen der Constanten 1 (= DE) die Totallänge AE auf Zehntelfuß (Fuß und Zoll) genau. (Die ganze Länge wäre übrigens auch direct an dem ersten Theilstrich über dem Nullpunkt des Nonius abzulesen.)

Beweis.

Da ad parallel ist mit AD, so bestehen die Proportionen :

$$cs : Cs = ad : AD \quad \text{und}$$
$$cs : Cs = cd : CD. \quad \text{Hieraus folgt}$$
$$ad : AD = cd : CD \quad \text{und}$$
$$AD = \frac{ad}{cd} \times CD.$$

Es ist nun cd = 10 Linien und CD = 10 Fußen = 1000 Linien und sonach

$$AD = \frac{ad \times 1000}{10} = ad \times 100 \text{ Linien}$$
$$= ad \text{ Fußen}.$$

Die am Nonius abgelesene Zahl (ad) der ganzen und Zehntel-Linien gibt also die Länge AD in ganzen und Zehntel-Fußen an. Wird jene Zahl noch um die Einheit (DE) vermehrt, so ergibt sich die ganze Baumlänge AE in Fußen und Zollen.

Eine Verlegung der Punkte C und D an die Endpunkte der Visirlatte verbietet schon das gewöhnliche Vorkommen von Gras, Unkraut rc. am Stamm-

---

*) Der Abstand cd der beiden Pferdehaare mußte etwas zu groß gezeichnet werden, weil bei Einhaltung richtiger Verhältnisse die Fig. 5 entweder zu groß oder undeutlich geworden wäre.

fußpunkte, welches das untere Brettchen verdecken und ein richtiges Einvisiren verhindern würde.

In geschlossenen Beständen kann es vorkommen, daß die Visirlatte höher am Stamm hinaufzuschieben ist, um (außer dem Gipfelpunkte) zwischen tiefer herabgehenden Aesten hindurch die Horizontalen in C und D sehen zu können. In einem solchen Ausnahmsfall ist mit einem Maßstab der Abstand der Horizontale in D vom Boden zu messen und zu dem abgelesenen AD zu addiren.

Zweiter Fall.

Bei schiefer Stellung der Baumaxe AE Fig. 6 geschehen die Operationen in nachbemerkter Reihenfolge:

a) Vorerst begibt man sich in die Vertikalebene, in welcher die Axe liegt, indem man rund um dem Stamm gehend einen beliebigen Punkt b auf dem Terrain sucht, in welchem eine vor das Auge gehaltene Senkelschnur die Stammaxe deckt.

b) Nachdem die Visirlatte in der Richtung mit AE d. h. nach BE gebracht ist, steckt man senkrecht auf bEb diesseits oder jenseits des Stammfußpunktes einen Perpendikel EP oder EP′ ab und stellt

c) innerhalb desselben in einem beliebigen geeigneten Punkt das Instrument so auf, daß die verlängert gedachte Axe der Drehwelle *) des mit Theilung versehenen Prisma's (Maßstabs) genau in die Mitte des Stammfußpunktes trifft, und wird in diesem Moment die vorher horizontalgestellte Drehscheibe **) arretirt. Nun erfolgt

d) die Drehung des Maßstabs bis zur Parallelstellung mit der Stammaxe (nöthigenfalls mit Hilfe der vor das Auge gehaltenen Senkelschnur, welche Stammaxe und Maßstab tangiren muß), sodann

e) die Einstellung des Oculardiopters in der Weise, daß beim Hindurchvisiren die beiden Pferdehaare des festen Objectivdiopters ***) mit den Horizontalen auf beiden Brettchen der Visirlatte zusammenfallen, weiter

f) die Verschiebung des beweglichen Objectivdiopters †), bis dessen,

---

*) l in Fig. 3.

**) i in Fig. 3.

***) p in Fig. 3.

†) q in Fig. 3.

durch den Oculardiopter betrachtetes, Haar den Stammgipfelpunkt berührt; zuletzt

g) die Ablesung der Totallänge.

Die Bedingung sub c ist erfüllt, sobald e auch dann noch besteht, wenn Maßstab und Visirlatte in eine vertikale Stellung gebracht werden, welche Manipulation zur Controle dienen kann.

Bei Einstellung des Oculardiopters möchte ich behufs Vornahme der letzten (feinsten) Correctionen rathen, immer zuerst das untere Pferdehaar des festen Objectivdiopters genau einzuvisiren, hierauf den Oculardiopter zu bremsen und dann erst die Einstellung des zweiten Haares zu revidiren, um erforderlichen Falls den letztgenannten Diopter noch schärfer einzustellen. Uebrigens wird ein Jeder schon von selbst die kleinen Vortheile herausfinden, welche die Arbeit fördern.

4) Die Prüfung des Instruments kann in Uebereinstimmung mit dem Vorhergehenden auf folgende entscheidende Weise geschehen.

An dem Punkte b Fig. 7 eines an einem Berghang stehenden Stammes befestigt man eine Querstange ad, projectirt deren Endpunkt d auf das Terrain nach d′, indem man mit Hilfe einer vor das Auge gehaltenen, den Punkt d deckenden Senkelschnur die Punkte e und f in der Vertikalebene def und sodann, seinen Stand wechselnd, die Punkte g und h in der Vertikalebene dgh mit Stäben absteckt und den Kreuzungspunkt d′ durch Anlegen zweier Schnuren an die vier Stäbe aufsucht.

Mit Hilfe eines Theodolits, der einen Vertikalkreis zur Bestimmung der Höhenwinkel besitzt und einer genau gemessenen Basis berechnet man trigonometrisch die Länge dd′; mittelst eines Nivellir-Instruments sucht man beliebige Punkte m und n, die in gleichem Niveau mit d′ liegen; hierauf mißt man d′m und d′n und berechnet die Hypothenusen dm und dn. Diese betrachtet man nun als schiefe Baumaxen, sowie m und n als Stammfußpunkte und fällt mit der Kreuzscheibe die Perpendikel PmP und P′nP′. Genau in der Richtung dieser Senkrechten und präcis nach der für den zweiten Fall Ziffer 3 gegebenen Anleitung stellt man nun den Hypsometer sowohl oberhalb als unterhalb der Linie EH auf, um von verschiedenen Punkten aus die Áxen dm und dn aufzunehmen und mit den trigonometrisch berechneten zu vergleichen. Eine jede Abweichung rechts und links von den Perpendikeln veranlaßt ein unrichtiges Ablesen der schiefen Stammaxe. So würde z. B. eine Verlegung des Standorts nach s, beziehungsweise nach t das zu suchende dm zu groß, beziehungsweise zu klein ergeben.

Die größten Differenzen entstünden bei einer Verlegung des Standorts auf EH. Dagegen wird man die vertikale Axe dd' von jedem beliebigen Punkte aus mit der berechneten übereinstimmend finden.

Die angegebenen Prüfungen sind bei vollkommener Windstille vorzunehmen, weil sonst wegen Hin- und Herschwankens des Punktes d die Messungen unrichtig ausfallen.

Länge des Maßstabes und des Oculardiopter-Trägers, sowie möglicher Maximal- und Minimalabstand des Oculardiopters vom festen Objectivdiopter bedingen, daß beim Gebrauch des vorliegenden Hypsometers

a) die Entfernung E des Instrumentes von dem zu messenden Baume mindestens 26 Fuß (6.5 Meter), und in diesem Falle die meßbare Maximalhöhe nur etwa 40 Fuß (10 Meter) betragen darf, und daß

b) schon alle Baumhöhen bis zu 130 Fuß gemessen werden können, wenn E die Größe von 80 Fuß (20 Meter) erreicht hat, und daß endlich

c) das größte E = 110 Fuß (27.5 Meter) betragen darf.

§. 5.

Messung der Baumhöhen mittelst Meßstange, Maßstabs und Leiter.

Die Anwendung des Hypsometers verlohnt sich nur bei einem Messen beträchtlicher Höhen bis zu einer gewissen Grenze abwärts. Unter diese Grenze herabzugehen, erschiene gerade so irrationell, als z. B. das Roden ganz schwacher Stämme mit dem Waldteufel. In jüngeren und jüngsten Beständen wäre deshalb eine solche Höhenmessung viel zu zeitraubend, wohl auch wegen allzudichter Stellung der Stämmchen und allzunaher Beastung am Boden nicht wohl ausführbar.

Hier mißt man die Höhen direct und zwar die bedeutenderen mit Zuhilfenahme a) einer kurzen, etwa 8 Fuß (2 Meter) langen Leiter, b) einer dünnen, etwas biegsamen, weiß angestrichenen, mit einem dünnen Knopf am oberen Ende versehenen Meßstange von bekannter Länge L, etwa im Betrag von 20 bis 30 Fuß (5 bis 8 Meter) und endlich c) eines gewöhnlichen Maßstabes.

Bei der Aufnahme werden Leiter und Meßstange an den Stamm gestellt. Nachdem ein Arbeiter die Leiter bestiegen, schiebt er zwischen den Aesten hindurch die Stange aufwärts, bis deren Knopf den Gipfelpunkt erreicht hat, was ihm der Taxator, in angemessener Entfernung stehend und die Stammspitze beobachtend, zuruft. Umschlingt der Arbeiter, nachdem er nöthigenfalls die höchste Sprosse der Leiter erklommen hat, mit dem einen Arm den Stamm, so kann er mit dem anderen die von den Seitenästen getragene Stange so hoch aufwärts schieben, als er, das untere Stangenende in der Hand haltend, nur reichen kann. (Diese Stellung entscheidet über das Maximum der meßbaren Stammlängen, etwa = 46 Fuß oder 11.5 Meter.) Ein zweiter Arbeiter steigt ebenfalls die Leiter hinan mit einem Maßstabe, bis er mit dessen oberem Ende den Fußpunkt der Meßstange erreichen kann, und mißt beim Herabsteigen den Abstand A dieses Fußpunkts vom Boden. Die gesuchte Stammlänge ist alsdann $= L + A$.

Kürzere Bäume werden auf gleiche Weise, aber ohne Leiter, endlich die kleinsten Stammlängen ohne Weiteres durch Anhalten des Maßstabs gemessen.

Die Anwendung breiter Meßlatten (anstatt dünner Stangen) mit Theilung und Ziffern — etwa so eingerichtet wie verschiebbare Ziellatten beim Nivelliren — und Ablesen der Ziffern am Gipfelpunkte etwa mit Hilfe eines Operngückers fand ich nicht praktisch.

§. 6.

Zeitdauer der Höhenmessung.

Bei Reduction der Ergebnisse mehrerer Versuche auf gleiche Zeitdauer wurden innerhalb Einer Stunde gemessen:

1) mittelst Meßstange, Maßstabs und Anwendung der Leiter in einem 28jährigen Kiefernbestand, der aus Saat entstanden war, 49 Baumlängen;

2) mittelst des neuen Hypsometers in je einem geschlossenen schmalen Probestreifen

a) eines 40jährigen Kiefernbestandes 23 Baumlängen,
b) „ 60 „ Fichtenbestandes 28 „
c) „ 80 „ „ 35 „

d) in einer älteren Pappelallee längs einer Chaussee 34 Höhen.

Bei dem Messen überzeugte man sich, daß die Mehrzahl der Stämme schief stand.

Ein recht eingeübtes Personal mag bis zu einem Dritttheil Stämme mehr messen. Die Arbeit fördert um so rascher, je mehr Stämme vertikal stehen und in diesem Falle von Einem Standpunkte aus aufgenommen werden können.

§. 7.

Messung der Höhen liegender Stämme und Stammtheile.

1) Wir haben gesehen, wie die Höhen stehender Stämme oder Stammtheile ermittelt werden.

Die Untersuchung, wie die Längen liegender Stämme oder Sectionen zu messen seien, damit die bei der Kubirung durch Multiplication der Höhen mit der mittleren Kreisfläche begangenen Fehler ein festgesetztes Procent des wahren Productes nicht überschreiten, schließt noch die weitere Frage in sich, mit welchen Größen d sich in einer Kubiktabelle die Stammlängen abstufen dürfen?

Die Antwort ergibt sich aus folgender Betrachtung.

Bezeichnen l und $l + d$ zwei beliebige Nachbarlängen einer Kubirungstafel, so verursacht den größten Fehler diejenige Stammlänge, welche, $= l + \frac{1}{2}d$, genau die Mitte hält zwischen jenen Tafelhöhen, auf welche sie abzurunden ist. Ist r der mittlere Stammhalbmesser, so entnehmen wir der Tafel als Inhalt entweder $r^2\pi l$ oder $r^2\pi(l + d)$, während der wahre Inhalt $r^2\pi(l + \frac{1}{2}d)$ beträgt. Sonach ist der begangene Fehler, ausgedrückt in Procent $\left(\frac{p}{100}\right)$ des wahren Inhalts, entweder

$$r^2\pi(l + \tfrac{1}{2}d) - r^2\pi l = \frac{p}{100}\, r^2\pi(l + \tfrac{1}{2}d)$$

oder

$$r^2\pi(l + d) - r^2\pi(l + \tfrac{1}{2}d) = \frac{p}{100}\, r^2\pi(l + \tfrac{1}{2}d).$$

Der eine wie der andere Ausdruck ergibt die Relationen

$$\tfrac{1}{2} d = \frac{p}{100} (l + \tfrac{1}{2} d)$$

und hieraus wieder

$$l = \frac{d(100-p)}{2p} \ldots\ldots \qquad (6)$$

$$d = \frac{2pl}{100-p} \ldots\ldots \qquad (7)$$

$$p = \frac{100d}{2l+d} \ldots\ldots \qquad (8).$$

Formel (7) bezeichnet die erlaubten Differenzen d, mit welchen sich die Tafelhöhen l abstufen dürfen, wenn die Producte (Kubikinhalte) um höchstens p pC. von ihrem absolut richtigen Werthe abweichen.

Ist d bekannt, so ergibt Relation (6) die Höhe, welche diese Abstufung d zuläßt.

Ist entschieden, über welche Höhen die Tafel sich erstrecken soll, so erhalten wir durch Substitution der geringsten und größten Höhe in Formel (7) den geringsten und höchsten Betrag der Höhenabstufungen (die beiden Grenzstufen). Formiren wir sodann eine beliebige steigende Reihe, deren beide Endglieder jene Grenzstufen bilden, so entstehen eben so viele Höhengruppen minus 1, als jene Reihe Stufenglieder (d) zählt. Die Grenzlängen der Höhengruppen ergeben sich endlich durch Substitution sämmtlicher Stufengrößen in Relation (6).

Aus weiter unten angeführten Gründen empfiehlt es sich, sowohl die Höhendifferenzen (d) als die Grenzhöhen in einfachen und wo möglich auch geraden Zahlen, jedoch ohne Beeinträchtigung des Genauigkeitsgrades (p), aufgehen zu lassen.

Diese paar Sätze enthalten alle wichtigen Grundzüge, nach welchen Kubirungstafeln zu construiren sind, wenn man nur noch hinzufügt, daß a) die als Basis dienende Kreisflächentabelle mit dem von p bedingten Genauigkeitsgrad berechnet sein muß, und daß b) die Kubikfußzahlen auf die ebenfalls durch p bestimmte Zifferzahl abgerundet werden. (Diese beiden Punkte sind ausführlich abgehandelt im 3. Supplementheft 1864—1865 der Allgemeinen Forst- und Jagdzeitung.)

Zwei Beispiele mögen das Gesagte erläutern.

Erstes Beispiel. Es wird Großherzoglich Hessisches Maß unterstellt.

In welche Gruppen zerfallen die Längen einer Kubirungstabelle, wenn sie von 1 bis 200 gehen, und wenn p höchstens = 1 werden darf?

Mittelst Formel (7), in welcher $p = 1$ und $l = 1$ und 200 gesetzt wird, erhalten wir

$$d = \frac{2 \times 1 \times 1}{100 - 1} = 0.02 \text{ und } d = \frac{2 \times 1 \times 200}{100 - 1} = 4.$$

Sonach sind 0.02 und 4 Fuß die geringsten und größten Beträge, mit welchen sich die sämmtlichen Höhen abstufen dürfen. Formiren wir für die Höhendifferenzen (d) folgende Reihe : 0.02; 0.04; 0.06; 0.08; 0.1; 0.2; 0.4; 0.6; 0.8; 1; 2; 3; 4, in welcher die oben berechneten Größen 0.02 und 4 die beiden Endglieder sind, so entstehen 13 — 1 = 12 Höhenklassen. Die Grenzhöhen derselben ergeben sich durch Substitution von d = 0.02; 0.04; 0.06; ...... 1; 2; 3; 4 in Formel (6), aus $l = \frac{d\,(100 - 1)}{2} = d \times 49.5$, beziehungsweise = 0.99; 1.98; 2.97; 3.96; 4.95; 9.9; 19.8; 29.7; 39.6; 49.5; 99; 148.5 und 198.

Aus diesen entwickeln sich endlich die Höhengruppen in der Weise, daß alle Tafelhöhen (wie vorhin die Höhenunterschiede) möglichst *einfache und gerade Zahlen* darstellen oder auf solche abgerundet werden. Dieß läßt sich ohne Beeinträchtigung des ausbedungenen Genauigkeitsgrades (p = 1) durchführen, wenn die oberste Höhe einer Gruppe, so oft als nöthig, auf einen etwas höheren (jene Bedingungen erfüllenden) Betrag abgerundet wird, als der berechnete Grenzwerth ist.

Der Genauigkeitsgrad ist dadurch nicht verletzt, sondern nur etwas erhöht worden, weil größere Höhen auch größere Abstufungen vertragen. Addirt man zu dieser so corrigirten Länge die Abstufungsgröße der folgenden Gruppe, so erhalten wir deren erste Höhe.

Hiernach hat sich in der Kubirungstabelle nachstehende Klassification der Höhen auszusprechen :

Gruppe	umfaßt die Höhen					mit der Abstufungsgröße	
I	von	1.00	bis	1.98	Fuß	0.02	Fuß
II	„	2.02	„	2.98	„	0.04	„
III	„	3.04	„	4.00	„	0.06	„
IV	„	4.08	„	4.96	„	0.08	„
V	„	5.06	„	10.0	„	0.10	„
VI	„	10.2	„	19.8	„	0.2	„
VII	„	20.2	„	29.8	„	0.4	„
VIII	„	30.4	„	40.0	„	0.6	„
IX	„	40.8	„	49.6	„	0.8	„
X	„	50	„	100	„	1	„
XI	„	102	„	150	„	2	„
XII	„	153	„	201	„	3	„

Die Kubikinhalte sind die Producte dieser Höhen mit den für $p = 1$ berechneten Kreisflächen der auf Seite 165 des erwähnten Supplementheftes veröffentlichten Tabelle. Nach dieser beträgt z. B. für den Durchmesser von 4.06 Zoll die Kreisfläche 0.1282 □Fuß. Besitzt nun eine Stange von diesem Durchmesser 42.8 Fuß Länge, liegt sie also genau zwischen den beiden Tafelhöhen 42.4 und 43.2 der IX. Höhenklasse, so beträgt ihr wahrer Inhalt abgerundet auf drei Zahlen (gemäß S. 159 des genannten Supplementheftes) $0.1282 \times 42.8 = 5.49$ Kubikfuß. In der Kubiktabelle, deren Existenz unterstellt wird, finden sich für

Höhe	den Inhalt
42.4	5.44
43.2	5.54.

Der begangene Fehler beträgt also, ausgedrückt in Procent des richtigen Inhalts

$$\frac{(5.49 - 5.44)\,100}{5.49} = 0.91 \text{ also weniger als 1 pC.}$$

oder

$$\frac{(5.54 - 5.49)\,100}{5.49} = 0.91 \text{ also weniger als 1 pC.}$$

Wären dagegen die Höhendifferenzen in der fraglichen Klasse 1 Fuß statt 0.8 Fuß, also nur zwei Zolle größer, als die Rechnung ergeben hat, so würde diese Unrichtigkeit das Fehlerprocent über 1 erhöhen. Denn betrüge z. B.

Höhe	Inhalt
42.3	5.42
43.3	5.55

so wären die Fehler

$$\frac{(5.49 - 5.42)\,100}{5.49} = 1.3, \text{ also mehr als 1 pC.}$$

oder

$$\frac{(5.55 - 5.49)\,100}{5.49} = 1.1, \text{ also mehr als 1 pC.}$$

Ein Gutheißen größerer Fehler oder Erhöhung des p über die Einheit gestattet nach den Formeln (6) bis (8) auch größere Abstufungen innerhalb der Höhenklassen und kleinere Zifferzahlen der Inhalte.

Uebrigens sollte man die **Kubirungstafeln** mit einem Genauigkeitsgrade anfertigen, der sie zur Erreichung wissenschaftlicher **und** praktischer Zwecke geeignet macht. Lassen sich dann scharfe Berechnungen (z. B. geringer Probeholzmengen, forststatischen Materials rc.) ausführen, so gestatten sie auch eben so gut bei entsprechender intensiver Abrundung eine ausschließliche Kubirung von Verkaufsmaßen.

Es erscheint deshalb räthlich, je zwei aufgeführten Nachbarlängen, aus denen die Kubikfuße berechnet wurden, auch noch die Mittelhöhen eingeklammert beizufügen, um gemessene Längen, die nicht in der Tafel vorkommen, demnächst beim Aufschlagen der Inhalte sogleich auf die Tafelhöhen abrunden zu können. Dieß wird ein Stück der VIII. Gruppe verdeutlichen:

	Höhe	Inhalte, den verschiedenen Durchmessern entsprechend			
	30.4	—	—	—	—
(30.7)					
	31	—	—	—	—
(31.3)					
	31.6	—	—	—	—
(31.9)					
	32.2	—	—	—	—

So wäre augenblicklich ersichtlich, daß z. B. die erhobenen Höhen 30.6 und 31.8 auf die Tafelhöhen 30.4 und 31.6 abzurunden seien.

Gerade um diese Mittelhöhen auf die geringste Zifferzahl zu reduciren, empfiehlt es sich, die Tafellängen möglichst in geraden Zahlen aufgehen zu lassen.

Man scheue nur nicht die etwas complicirte einmalige Berechnung rationeller Tabellen, die bei jedem Gebrauch die Arbeit erleichtern. Welchen Zeitaufwand erforderte die Berechnung des Logarithmen, um gerade den größten Zeitaufwand bei Berechnungen zu ersparen!! Auch reducirt die Bildung angemessener Höhenklassen die Tafelzahlen auf ein rationelles Minimum. Dagegen wird die absolute Maximalzahl der Höhengruppen eine absolute Minimalzahl von (jedoch nicht einfachen!) Tafelpositionen ergeben.

Zweites Beispiel. Giltig für Französisches Maß.

Für $p = 1$ werde eine Kubirungstabelle construirt, beginnend mit der Höhe = 0.5 Meter und schließend mit 50 Metern. Die beiden Grenzen aller Höhendifferenzen sind nach Formel (7)

$$d = 0.02 \times 0.5 = 0.01 \text{ Meter und}$$
$$d = 0.02 \times 50 = 1 \text{ Meter.}$$

Die Reihe der d zwischen diesen beiden Grenzen sei : 0.01; 0.02; 0.04; 0.06; 0.1; 0.2; 0.4; 0.6; 0.8 und 1. Sonach entstehen $10 - 1 = 9$ Höhengruppen mit den Grenzhöhen (hervorgehend aus $l = d \times 49.5$) : 0.495; 0.99; 1.98; 2.97; 4.95; 9.9; 19.8; 29.7; 39.6 und 49.5, aus welchen nachstehende Höhengruppen für die Kubiktabelle gebildet werden :

Gruppe	umfaßt die Höhen					mit der Abstufungsgröße	
I	von	0.5	bis	1.0	Meter	0.01	Meter
II	„	1.02	„	1.98	„	0.02	„
III	„	2.02	„	2.98	„	0.04	„
IV	„	3.04	„	4.96	„	0.06	„
V	„	5.0	„	10.0	„	0.1	„
VI	„	10.2	„	19.8	„	0.2	„
VII	„	20.2	„	29.8	„	0.4	„
VIII	„	30.4	„	40.0	„	0.6	„
IX	„	40.8	„	49.6	„	0.8	„

Selbstverständlich wurde bei obigen Betrachtungen die Kubirungsmethode selbst als richtig unterstellt. Man nahm an, daß nicht blos für kurze Sectionen, sondern auch für lange Stammstücke die Multiplication der Länge mit der in halber Mitte erhobenen Kreisfläche richtige Resultate ergäbe. Eine Kritik dieses Verfahrens, das vielerorts in praxi besteht, ist hier nicht am Orte. Dagegen verdient noch erwähnt zu werden, daß sich bei Anwendung der vorgeschlagenen Tabellen wenigstens kein Rechnungsfehler zu den durch ein falsches Princip veranlaßten addiren, und daß jene Tabellen auch noch zu andern wichtigen Zwecken, als zum Kubiren, dienen.

2) Was nun die Einrichtung des Maßstabs und das Verfahren bei dem Messen selbst betrifft, so ist zu unterscheiden, ob wissenschaftliche oder rein praktische Zwecke (wie Berechnung der Verkaufseinheiten) verfolgt werden sollen.

Um bei wissenschaftlichen Untersuchungen für alle Fälle gerüstet zu sein (wenn namentlich vereinzelte Aufnahmen keine Ausgleichung der Fehler erwarten lassen), muß, bei Unterstellung des Französischen Maßsystems, der Maßstab bei Anwendung obiger Tabelle eine Messung auf Centimeter genau gestatten. — Verlangten jedoch die Aufnahmen ein weiteres Herabdrücken der unteren Höhengrenze, z. B. von 0.5 bis zu 0.25 Meter, so betrüge die geringste Höhenabstufung d nach Formel (7) nur $\frac{2 \times 1 \times 0.25}{100 - 1}$ = 0.005 Meter, und hätte also der Maßstab alle Höhen von 0.25 bis exclusive 0.5 Meter auf halbe Centimeter genau anzugeben.

Bezweckt dagegen die Längenmessung nur eine Feststellung der Verkaufsmaße, auf deren Zahl keine weiteren Masseberechnungen mehr fußen sollen, so kommt es weniger auf procentische als auf absolute Fehler an. Es genügt dann wohl eine Erhebung aller Längen auf Decimeter genau und eine Abrundung derselben auf die Tafelhöhen. — Beim Messen selbst empfehlen sich a) gerade, etwa 5 Meter lange und in ganze Meter eingetheilte Stangen. Die weniger als 1 Meter großen Reste verlangen noch b) einen besonderen, 1 Meter langen Maßstab mit einer Eintheilung, welche die Abrundung auf Decimeter von selbst besorgt. Zu diesem Behuf bleiben der erste und letzte Theilstrich um $1/2$ Decimeter von den Stabenden entfernt, während die übrigen Theilstriche um je einen ganzen Decimeter von einander abstehen. Auf diese Weise entstehen 11 Felder, und sind die beiden Endfelder je $1/2$, die übrigen einen ganzen Decimeter lang. Im 1. Felde wird 0, im 2. die Ziffer 1, im 3. die Ziffer 2 rc., in dem letzten die Zahl 10 eingeschlagen. Alsdann gibt der Maßstab, auf den zu messenden Rest gelegt, des letzteren Länge rationell auf Decimeter abgerundet durch die Ziffer desjenigen Feldes an, in welches das Stammende fällt.

Die Annehmlichkeit dieser Einrichtung fiele um so mehr in das Auge, auf je größere Stufen man die Längen abrunden wollte.

III.

Messung der Baumstärken.

§. 8.

Vorbemerkung.

1) Im Februarheft 1861 der Allgemeinen Forst- und Jagdzeitung habe ich als die wesentlichen Eigenschaften einer tadellosen Kluppe von Holz folgende aufgezählt:

a) Die Kluppe soll so leicht und auch wieder so solid angefertigt sein, daß sie nicht ermüdet und nöthigenfalls eine rauhe Behandlung in den derben Händen eines Arbeiters verträgt.

b) Ihr beweglicher Schenkel muß sich leicht hin- und herschieben lassen und dabei jederzeit senkrecht gegen den Maßstab gerichtet bleiben, — mag sie tagelang im feuchtesten Wetter oder in der größten Sonnenhitze gebraucht worden sein. Deshalb darf sich der bewegliche Schenkel, nach angemessener Regulirung seines Trägers, beim Hingleiten über den Maßstab nur parallel mit sich und dem festen Schenkel bewegen. Dagegen darf er keinerlei Drehung machen, weder in einer Ebene, die senkrecht auf der Axe des Maßstabs (der Kluppenzunge) steht, noch mit einer anderen, die parallel mit dieser Axe läuft.

c) Der Maßstab muß die Abrundung auf ganze, halbe ꝛc. Zolle (Centimeter) selbst besorgen.

d) Die Construction soll die billigste Herstellung ermöglichen, welche gestattet, die Durchmesser mit einem, den Zweck noch erfüllenden Genauigkeitsgrad zu ermitteln.

2) In dem Novemberheft 1868 des genannten Blatts ist nun Seite 439 an dieser Kluppe, die im Nachstehenden mit Nummer I bezeichnet werden soll, ausgestellt worden, daß „der auf einer Schraube als alleinigem Stützpunkt ruhende bewegliche Schenkel

eine Bewegung gestattet, durch welche der Parallelismus mit dem anderen Schenkel gestört wird",

daß also mit anderen Worten die so wichtige Bedingung unter b gar nicht erfüllt werde. Es ist ferner zur Vermeidung des gerügten Mißstands ein anderer Mechanismus beschrieben worden an einer Kluppe, welche im Nachfolgenden Nummer II heißen soll, und welche seit acht Jahren (seit 1861) von Herrn Mechanikus Staudinger zu Gießen gleichzeitig mit Nummer I in zahlreichen Exemplaren angefertigt und abgesetzt worden ist.

3) Die große Wichtigkeit, die Durchmesser richtig zu bestimmen, dürfte vollständig mein Ziel rechtfertigen, im Nachstehenden die Hilfsmittel zur Auffindung der Durchmesser etwas erschöpfender zu behandeln und hierbei in den Mechanismus der dem Bedürfniß der Zeit entsprechenden Kluppen etwas tiefer einzugehen als früher von mir geschehen ist. Dabei wird sich auch herausstellen, daß

a) der gerügte Mißstand an der Kluppe Nummer I gar nicht existirt, und

b) das Wesen der Kluppe Nummer II nicht richtig aufgefaßt und deshalb auch deren Construction in sehr wesentlichen Punkten unrichtig dargestellt wurde, vorausgesetzt, daß auch die von Herrn Staudinger in Gießen seither gefertigte Kluppe wirklich gemeint ist *).

Wir werden ferner sehen, daß

c) Kluppen von Holz nicht mehr ausreichen, wenn der verlangte Genauigkeitsgrad eine gewisse Grenze überschreitet, und daß dann Kluppen von Metall (Nummer III) mit besonders eingerichtetem Maßstab zu wählen sind.

Endlich wollen wir

d) Instrumente 2c. kennen lernen, welche die Durchmesser auf Baumscheiben mit einem bestimmten Genauigkeitsgrad angeben.

---

*) Selbstverständlich mußten zur Erreichung des Zwecks die wesentlichen Theile beider Kluppen abgebildet werden.

Erster Abschnitt.

Instrumente zur Ermittlung der Durchmesser von Stämmen und Sectionen.

§. 9.

Kluppe Nummer I.

(Beschrieben im Februarheft der Allgem. Forst- und Jagdzeitung von 1861.)

1) Fig. 8 stellt die vordere Ansicht in $^1/_5$ der wirklichen Größe dar, Fig. 9 die Seitenansicht des beweglichen Schenkels in gleicher Größe, Fig. 10 den Durchschnitt des letzteren durch ab in wirklicher Größe, Fig. 11 den Schlüssel für die Stellschraube ebenfalls in natürlicher Größe.

2) Der Hohlraum abcde Fig. 10 des beweglichen Schenkels bildet die Hülse des Maßstabs M und seines Trägers TT. Sowohl der Hülse als dem sie ganz durchziehenden Träger ist eine gehörige Länge gegeben. Die Dimensionen des Maßstabs und Trägers sind derart, daß zwischen beiden einerseits und den Hülsenwänden andererseits auch dann noch ein leerer Raum bleibt, nachdem alles Holzwerk an der Kluppe in das Stadium des höchsten Gequollenseins getreten ist.

In der Mitte des Trägers ist in senkrechter Richtung auf denselben eine Schraubenmutter m von Messing eingelassen, in die eine eiserne Schraube S paßt, um den Träger auf- und abwärts zu bewegen. Die Windungen sind sehr fein, um auch ganz kleine Verschiebungen bewirken zu können. Die Schraube macht ausschließlich eine Axendrehung, bewegt sich also nicht auf- und abwärts, sondern dreht sich in der messingenen Platte zz nur um ihren Kopf *).

Mit dem Schlüssel Fig. 11, dessen Spitzen in die Oeffnungen yy des Schraubenkopfes passen, bewirkt der Protocoll- (nicht der Kluppen-) Führer die Regulirung des beweglichen Schenkels. Es

*) Bei der früheren Einrichtung ragte der viereckige Kopf etwas aus der Fassung hervor.

geschieht solches durch Anziehen oder Lösen der Schraube, bis der Träger in seiner ganzen Längenausdehnung auf dem Maßstab ruht und der Maßstab in gleicher Ausdehnung sich den oberen Wänden der Hülse so sanft ánlegt, daß er zwischen den oberen und unteren Berührungsflächen bequem hin- und hergleitet. Hierbei kann, wie nachher bewiesen wird, der bewegliche Schenkel **nicht** aus seinem Parallelismus mit dem festen, oder, was dasselbe ist, nicht aus seiner **senkrechten** Stellung gegen den Maßstab gebracht werden.

Da ferner der Maßstab nach Oben und Unten in eine nahezu rechtwinkelige Kante abc und hik ausläuft, so vermag der bewegliche Schenkel auch so gut wie keine seitliche Bewegung, d. h. keine Drehung um die Axe des Maßstabs zu machen.

Uebrigens würde selbst eine beträchtliche **seitliche** Drehung — die hier wie bei Nummer II aber nur in verschwindend kleinen Bogen erfolgen kann — kein unrichtiges Ablesen der Durchmesser veranlassen. Denn unterstellen wir beim Messen des Durchmessers ab in Fig. 12 einen solch' enormen Grad seitlicher Drehung*) des beweglichen Schenkels, daß dessen Berührungspunkt bis auf b' herabsänke, so würde gleichwohl bei einem richtigen Anhalten der Kluppe — d. h. bei einem Zusammenfallen des Maßstabs mit dem fraglichen Durchmesser — nicht a'b', sondern ac = mb', sonach der richtige Diameter nur um bc zu groß gemessen. Da nun aber einmal die Senkung des Schenkels, resp. die Höhendifferenz der Punkte a und b' auch bei sehr nachlässig oder nach falschem Princip construirten Kluppen nur unbedeutend ist, und da ferner die Stammsectionen niemals stark abfallen, so daß erfahrungsmäßig Durchmesser, die wie ab und a'b' nahe bei einander liegen, unmerklich von einander differiren, so muß bc im Allgemeinen verschwindend werden.

Schließlich ist noch hervorzuheben, daß wegen des ständigen Vacuums zwischen Hülse und den beiden Seiten des Maßstabs, auf welchen die Theilung gemacht ist, niemals die Theilstriche und die Ziffern durch Reibung lädirt werden.

3) Beleuchten wir nun die Eingangs citirte (§. 8, Ziffer 2) Ausstellung an vorbeschriebener Construction. Es besitzt der Träger allerdings unten nur Einen Stützpunkt an der Schraube, allein

*) In einer Ebene senkrecht auf die Axe des Maßstabs.

es darf nicht übersehen werden, daß derselbe oben eine lange Stützfläche an dem Maßstab findet.

Die Schraube S ist so formirt, daß sie nicht absolut genau oben in die Mutter und unten in die Führung paßt. Deshalb und weil sie vermöge ihrer Elasticität sich etwas hin- und herbiegt, vermag der Träger an und für sich (d. h. ohne in Berührung mit dem Maßstab zu stehen) eine drehende Bewegung innerhalb der Hülse parallel mit deren Seitenwänden zu machen. Gerade dieses Vermögen, kleine Bogen zu beschreiben, befähigt den Träger, sich in seiner ganzen Längenausdehnung an den Maßstab anzulegen und diesen in gleicher Weise längs den ganzen oberen Wänden der Hülse sanft anzudrücken. Von dem Momente aber, in dem der Träger in solche Verbindung mit dem Maßstabe gebracht ist, wird er durch diesen selbst an einer drehenden Bewegung absolut verhindert. Alsdann stützt sich der Träger in ganzer Länge auf den Maßstab und dieser auf jenen. Bei dieser Sachlage ist das ganze System in ein starres übergegangen, bei welchem nur der lose Schenkel hin- und hergleiten kann, allein durchaus verhindert ist, aus seinem Parallelismus mit dem festen herauszutreten!

Würde die Schraube des Trägers durch eine (höchst kostspielige) Construction in Mutter und Führung absolut passend gemacht, so wäre der Träger nur zu einer mit sich parallelen Bewegung befähigt, dagegen an jeder drehenden gehindert. In Folge dessen könnte er sich in vielen Fällen dem Maßstab nicht mehr accommodiren. Stünde z. B. die Schraube nicht ganz genau in der Mitte des Trägers, oder auch nicht genau senkrecht auf dem letzteren, so fände der Maßstab nur in einem Endpunkte des Trägers einen Stützpunkt, um welchen sich alsdann der bewegliche Schenkel drehen könnte, wodurch selbstverständlich sein Parallelismus mit dem festen aufgehoben würde. Es werden aber derartige Mißstände bei der oben erwähnten Einrichtung paralysirt.

Die in der Oberförsterei Gießen seit Eilf Jahren gebrauchten Kluppen zeigen und behalten nach erfolgter Regulirung des Trägers noch heute vollständig den Parallelismus ihres beweglichen Schenkels mit dem festen.

Es vermag nun Jeder selbst zu entscheiden, ob der erwähnte Tadel ein begründeter ist.

§. 10.

Kluppe Nummer II.

(Beschrieben im Novemberheft der Allgem. Forst- und Jagdzeitung von 1868.)

Auch bei dieser Kluppe ist, wie bei der vorigen, das Princip:

nach erfolgter Verstellung des Maßstabträgers muß bei jedem Grade des Schwindens und Schwellens die innere Seite des beweglichen Schenkels winkelrecht mit dem Maßstab bleiben, ohne daß das geringste Zwängen entsteht,

vollständig durchgeführt.

Das Charakteristische dieser Kluppe ergibt sich aus dem Durchschnitt des beweglichen Schenkels Fig. 13. Die weißen Stellen in dem unteren Theile bedeuten leere Zwischenräume, die horizontalschraffirten die festen Holztheile des beweglichen Schenkels, die vertikalschraffirten den Maßstab M (im Querschnitt), die punktirten dessen Träger T, der aus einem Messingstück von der Länge der Hülse besteht und auf deren unterer Wand aufliegt. Der Maßstab hat seine Führung an den Wänden der Hülse bei f f′f″ und auf dem Träger bei f‴. Letzterer findet genügenden Raum, um sich mittelst Umdrehens der Schraube SS′ auf dem Grunde der Hülse und zwar parallel mit SS′ hin- und herschieben zu lassen. Die Spitzen des Schraubenschlüssels Fig. 11 passen in die Löcher yy des Schraubenkopfs. Dieser liegt in einer in den Schenkel eingelassenen Messingplatte xx. Durch die Verstellung des Trägers mittelst der Schraube ist nun, wie aus der Figur ersichtlich, bei einem jeden Grade des Schwindens und Quellens eine solche Regulirung zu bewirken, daß der bewegliche Schenkel gleichzeitig a) seine parallele Lage mit dem festen behält, b) leicht und stetig über den Maßstab hingleitet und c) keine seitliche Drehung macht.

Nahe an den beiden Enden des Trägers zwischen diesem und der Wand f″ im Raume oo liegen, etwa parallel mit der Schraube und etwas eingelassen in das Messing, zwei kleine Spiralfedern, welche den Träger von der Wand abdrücken. Da nämlich an dieser Kluppe die Schraube lose ist, d. h. nicht blos eine Axenbewegung machen, sondern auch bei einem Mangel aller Kopfbedeckung aus ihrer Fassung xx heraustreten kann, so könnte der Träger beim Hingleiten über die untere Hülsenwand in Folge der Reibung festgehalten oder ruckweise bewegt und deshalb das sofortige Herausfühlen einer richtigen Regulirung verhindert werden. Die erwähnten beiden kleinen Spiralfedern machen nun aber ein Festklemmen des Trägers beim Anziehen oder ein Stehenbleiben desselben beim Lösen der Schraube unmöglich. Diese beiden Federn beziehen sich also durchaus nicht auf den Gang des beweglichen Schenkels, sondern nur auf die Verstellvorrichtung des Trägers T!!

Im Novemberheft der Allgemeinen Forst- und Jagdzeitung von 1868 ist nun aber die Existenz dieser beiden Federn ignorirt, dagegen Eine Feder in den Raum i, wie bei der Reißig'schen Kluppe — verlegt worden.

Sollte dieß absichtlich geschehen sein, dann freilich wäre dort eine ganz andere Art von Kluppen, nämlich eine Federkluppe gemeint, deren Einrichtung jedoch der von Herrn Staudinger intendirten Construction: nämlich **Vermeidung sogenannter Federkluppen** geradezu widerspricht. Diese Tendenz ist aber eine sehr gerechtfertigte, weil eine starke Feder den Arm ermüdet und eine schwache dem beweglichen Schenkel ohne Anstand diejenigen beiden Bewegungen gestattet, welche gerade beseitigt werden sollen: einmal die nachtheilige, parallel mit der Axe des Maßstabs gehende Drehung und sodann die darauf senkrecht gerichtete mehr indifferente seitliche Drehung. Selbstverständlich kommt deshalb eine derartige Feder bei den in Gießen gefertigten Kluppen nicht vor!! Sie wäre nicht blos unnöthig, sondern auch schädlich. Unnöthig, weil Schraube SS' in Verbindung mit dem Träger T den vortheilhaften Effect der Reißig'schen Feder äußert, dagegen den oben erwähnten Mißstand eliminirt. An der Reißig'schen Kluppe ist nämlich der Träger T fest, an der Kluppe Nummer II dagegen beweglich. An beiden soll der Maßstab mit den Führungen f und f''' in innige Berührung gebracht werden. Dieß geschieht dort durch eine Feder in i, hier durch die Schraube SS'. Hier kommt aber außerdem noch der Maßstab mit den Führungen f' und f'' in innigen Contact.

Eine Feder in i bei Kluppe Nummer II wirkte aber auch schädlich, weil durch diese der Maßstab schon dann bei f und f‴ angepreßt würde, wenn er noch gar nicht an f′ und f″ anläge *). Dann vermöchte aber der bewegliche Schenkel um so mehr aus seinem Parallelismus mit dem festen zu treten und sich zugleich seitwärts zu drehen, je größer das Vacuum zwischen Maßstab und Hülsenwand bei f′ und f″ wäre. (Davon soll noch ganz abgesehen werden, daß eine Feder in i eine zweite Theilung auf der ihr zugewandten Seite des Maßstabs auch verletzen würde.)

Wer den Mechanismus beider Kluppen (Nummer I und II) scharf erfaßt hat, sieht ein, daß die kleinen Spiralen bei Nummer II wegfallen könnten, wenn die Schraube SS′ in ihrer Fassung xx festläge, d. h. nicht aus dieser heraustreten könnte, was etwa durch eine Einrichtung wie bei Nummer I zu bewirken wäre. Dann würde sich beim Anziehen der Schraube der Träger bei Nummer II in horizontaler Richtung dem Maßstab genau so accommodiren, wie bei Nummer I in vertikaler Richtung geschieht. — Herr Staudinger ließ jedoch die Schraube lose, weil so die Vorrichtung einfacher ist, die Kluppe leichter auseinander genommen, gereinigt, und deren Schraube, die dem Rosten ausgesetzt ist, leichter geschmiert werden kann.

§. 11.

Vergleichung beider Kluppen, Nummer I und Nummer II.

Eine ganz objective Vergleichung beider Kluppen zeigt folgende wesentliche Unterschiede und Uebereinstimmungen:

1) Der bewegliche Schenkel von Nummer I besitzt einen Maßstabsträger von Holz mit einer, in ihrer Fassung festliegenden Stellschraube. Dem Träger sind kleinere Drehungen in vertikaler **) Richtung möglich.

---

*) Ein Umstand, der im Allgemeinen dem Gesicht und Gefühl bei Regulirung des Trägers entginge.

**) Man denke sich die Kluppe so gehalten, daß die Schenkel vertikal und die Zunge horizontal gerichtet sind.

Dagegen besitzt der bewegliche Schenkel von Nummer II einen Maßstabsträger von Messing mit einer in ihrer Führung lose liegenden Stellschraube, welcher aber durch zwei kleine, den Träger von der Hülsenwand abdrückende Spiralfedern der Charakter einer festen Schraube ertheilt wird. Der Träger kann kleinere Drehungen in horizontaler Richtung machen.

Bei beiden Kluppen schmiegt sich durch Anziehen der Stellschraube der Träger seiner ganzen Länge nach an den Maßstab und ebenso dieser an die Hülse innig an. Daraus entsteht ein starres System, in welchem sich nur der bewegliche Schenkel leicht verschieben läßt, ohne aus seinem Parallelismus mit dem festen — weder in der Richtung des Maßstabs noch um diesen herum — zu treten.

2) Bei Nummer I hat der Maßstab seine Führung an den beiden oberen Wänden der Hülse und des Trägers (ab, bc und hi, ik Fig. 10), dagegen bei Nummer II auf Einer oberen Wandfläche der Hülse und des Trägers, sowie außerdem an Einer Seitenwand der Hülse (f und f''', sowie f' und f'' Fig. 13).

Die Einrichtung, daß bei der Kluppe Nummer II der breiteste Theil des Maßstabs zur Hauptführung des beweglichen Schenkels benutzt wird, bildet eigentlich den wesentlichsten Unterschied beider Kluppen und hat erst alle weiteren Verschiedenheiten hervorgerufen. Es sind, da auf jener breiten Fläche der bewegliche Schenkel eine sehr sichere Auflage hat, zur Erhaltung des Parallelismus nur schmale Leisten nöthig. Aus diesem Grunde kann der Maßstab und in Folge dessen wieder der bewegliche Schenkel dünner und leichter gemacht werden, als bei Nummer I, ohne daß die Sicherheit der Führung dadurch benachtheiligt wird. Ein Messingträger wurde nothwendig, weil derselbe von Holz zu schwach geworden wäre.

3) Bei der Kluppe Nummer II kann erforderlichen Falls die in ihrer Fassung lose liegende Stellschraube leicht mit ihrem Träger aus dem beweglichen Schenkel herausgenommen und gereinigt werden. Solches könnte bei Nummer I nur durch ein mühsames Abschrauben der Fassung und der Bedeckung der Stellschraube geschehen, wäre übrigens mit Leichtigkeit zu erreichen, wenn die Stellschraube durch Einlegen zweier kleinen abdrückenden Spiralfedern

zwischen Träger und unterer Hülsenwand ebenfalls in eine lose verwandelt würde.

4) Zur Bestimmung des Genauigkeitsgrades, mit welchem die Durchmesser abzulesen sind, ermittelte Herr Staudinger durch directe Versuche den Betrag der absoluten Differenzen, welche möglicherweise vorkommen können, nachdem eine Kluppe die in praxi vorkommenden extremsten Feuchtigkeitszustände durchlaufen hat.

Er stellte ein und dieselbe Kluppe zuerst einige Wochen an einen geheizten Ofen und sodann wieder etwa 12 Tage vor das Fenster bei sehr feuchtem und regnerischem Wetter. Dieselben Durchmesser an eisernen Röhren bei beiden Zuständen der Kluppen gemessen, ergaben im Durchschnitt eine Differenz von Einer Linie = $2^1/_2$ Millimeter.

Da eine Aenderung der Dimensionen des Holzes in der Richtung der Längefaser durch Feuchtigkeits- und Temperaturwechsel nahezu Null ist, so kann der fragliche Unterschied nicht durch eine Verlängerung oder Verkürzung des Kluppenmaßstabs (der Zunge), sondern nur durch innere Veränderungen an dem Bau der Kluppe herrühren. Zunge und fester Schenkel können sich etwas verzogen, aus- oder einwärts gekrümmt haben u. dgl. m.

Sonach dürften mit einer Kluppe von Holz die Durchmesser höchstens auf Linien (oder Doppelmillimeter) genau zu messen sein, hierbei übrigens vorausgesetzt

a) sorgfältigste Construction der Kluppe;

b) größte Schonung und

c) ganz richtiges Anhalten derselben;

d) scharfes Ablesen der Durchmesser. Auch sind

e) an den Meßpunkten Moos, aufgesprungene Borkenstückchen rc. zu entfernen, oder Stellen mit zufälligen, abnormen Unebenheiten zu meiden.

§. 12.

Kluppe Nummer III.

Mit den beschriebenen hölzernen Kluppen können die Durchmesser — wenn die im vorigen §. gemachten Voraussetzungen eintreffen — bis auf Linien oder höchstens Doppelmillimeter genau gemessen werden. Will man die Durchmesser zum Zweck besonders scharfer Berechnungen nach noch geringeren Abstufungen ablesen, so sind Kluppen von Metall aus nachstehenden Gründen erforderlich. 1) Die inneren Schenkelseiten, welche den Baumkörper an den Durchmesserenden tangiren, müssen bei einer hölzernen Kluppe, der Haltbarkeit des Instrumentes wegen, beträchtliche Breite besitzen. Deshalb können, wenn bei schiefem Anhalten der Kluppe die inneren Schenkelseiten mit der Stammoberfläche nicht parallel sind, ansehnliche Fehler entstehen, welche ihr Maximum in dem Fall erreichen, daß die Durchmesser-Endpunkte zwischen den Kanten der Schenkelseiten gepackt werden. Dieser Mißstand wäre nur dadurch zu beseitigen, daß man die Mittellinien der inneren Schenkelflächen durch Wegnahme von Holz in stumpfe Schneiden auslaufen ließe. Allein bei einem so weichen Körper wie das Holz ist, erlitten diese Schneiden sehr bald beträchtliche Beschädigungen und veranlaßten dadurch unrichtige Resultate. Bei einer Kluppe von Metall können nun die Schenkel hinlänglich dünne werden, um dem vorhin erwähnten Mißstand zu begegnen. — Es erscheint jedoch nicht räthlich, die inneren Schenkelseiten in förmliche Schneiden auslaufen zu lassen. Denn diese könnten in den weichen Holzkörper oder in kleine zufällig vorhandene Vertiefungen eindringen und dadurch Unrichtigkeiten veranlassen. — 2) Kluppen von Metall (Messing) sind gegen Wechsel der Feuchtigkeit und Temperatur (da die ganze Ausdehnung von 0 bis 100° noch verschwindend ist) ganz unempfindlich. — 3) Auf einem Maßstab von Metall läßt sich die feinste Theilung direct ausführen, und können durch Anbringung eines Nonius an der Hülse des beweglichen Schenkels (die seitlich so durchbrochen ist, daß die Theilung des Maßstabs sichtbar wird) die Durchmesser nach den meßbar kleinsten Abstufungen abgelesen werden. Diese dürfen aber auch wegen der fast absolut genauen Construction des metallenen Instruments als vollkommen genau gelten.

Eine derartige Kluppe ist in Fig. 14 von der Seite und Fig. 15 im Durchschnitt nach ab in $^1/_2$ der natürlichen Größe dargestellt. Eine detaillirte Beschreibung ist überflüssig. In Fig. 14 präsentirt sich auf dem durchbrochenen, beweglichen Schenkel dessen Nonius, sowie oberhalb des letzteren die Theilung des Kluppenmaßstabs. Auf dem Querschnitt des beweglichen Schenkels Fig. 15 sieht man auf rechter und linker Seite zwischen Zunge und Hülse ein kleines Vacuum, welches sowohl zur Verminderung der Reibung als zur Schonung der Theilung angebracht ist. Eine Verstellung des beweglichen Schenkels durch Anbringen eines verschiebbaren Trägers (der einen wesentlichen Bestandtheil der hölzernen Kluppe bildet) ist hier nicht nöthig. Denn hier darf zur Erhaltung des Parallelismus beider Schenkel die Zunge ganz genau in die Hülse passen, da, wie bereits erwähnt, durch Wechsel der Temperatur und Feuchtigkeit niemals ein Zwängen entstehen kann.

§. 13.

Ueber die Theilung des Kluppen-Maßstabs insbesondere.

1) Da immer noch nicht entschieden ist, bis zu welchem Grad das Französische Maß in den verschiedenen deutschen Staaten eingeführt wird, so haben im Nachfolgenden das Großherzoglich Hessische und Französische gleiche Berücksichtigung gefunden. Es erscheint dieß um so gerechtfertigter, als nicht blos diese beiden Maßordnungen mit gleicher Consequenz das Decimalsystem durchführen, sondern auch die erstere an die letztere — unter allen bekannten Maßordnungen — am meisten sich anschließt und deshalb die nachfolgenden Betrachtungen bei beiden in ganz analoger Weise gelten.

2) Wir haben im Vorhergehenden zwei Klassen von Kluppen (von Holz Nummer I und II und von Metall Nummer III) kennen gelernt, deren Auswahl von dem Genauigkeitsgrad bedingt wird, mit welchem die Einzelmessungen ausgeführt werden sollen.

Ganz von demselben Moment wird auch die Einrichtung des Maßstabs bedungen, welcher die Durchmesser nach um so kleineren Abstufungen angeben muß, je schärfer die Einzelmessung verlangt wird.

Die Frage, für welche Klasse von Kluppen und für welche Eintheilung ihres Maßstabs man sich zu entscheiden habe, wird entschieden durch den speciellen Zweck, der durch Erhebung der Durchmesser erreicht werden soll.

3) Erster Hauptfall. Angenommen, daß

a) ganze Bestände kluppirt,

b) Nutzstämme bei Holzabzählungen aufgenommen werden,

c) überhaupt durch viele Messungen sich die Fehler compensiren, welche man in Folge des Abrundens der Durchmesser auf beträchtliche Differenzen (Zolle, halbe Zolle) bei jeder Einzelmessung begeht,

wählen wir die hölzernen Kluppen Nummer I oder II und bringen mit diesen einen Maßstab in Verbindung, wie solcher bereits im Märzheft 1860 der Allgemeinen Forst- und Jagdzeitung von mir in Vorschlag gebracht worden ist. Dieser rundet die gemessenen Durchmesser auf ganze oder noch besser auf halbe Zolle von selbst ab.

Um dieses zu bewirken, bezeichnen die Theilstriche jedesmal nur die Grenzen desjenigen Raums, für dessen ganze Ausdehnung ein und dieselbe Durchmesserzahl (1, 2, 3 . . . oder $^1/_2$, 1, $1^1/_2$, 2, $2^1/_2$, 3 . . .) abgelesen wird, welche innerhalb jenes Raums geschrieben steht.

Um Ziffern und Grenzen der Felder recht deutlich hervortreten zu lassen, schlägt man erstere abwechselnd an dem oberen und unteren Rande der Felder ein, wie solches die Centimeterzahlen in Fig. 16 veranschaulichen.

Selbstverständlich könnte auch eine Theilung mit Abrundung auf $^1/_4$, $^1/_8$, $^1/_{16}$ Zolle eingerichtet werden. Ganz allgemein ergibt sich das Verhältniß und die Eintheilung des Maßstabs aus folgender Tabelle:

Bei Abrundung auf	beträgt Abstand des ersten Theilstrichs vom Anfangspunkt des Maßstabs	und beträgt die Entfernung je zweier unmittelbar aufeinander folgenden Theilstriche	Auf die Felder zwischen den Theilstrichen werden eingetragen die Zahlen
ganze Zolle	$^1/_2$ Zoll	1 Zoll	1, 2, 3, 4 . . .
halbe "	$^1/_4$ "	$^1/_2$ "	$^1/_2$, 1, $1^1/_2$, 2, $2^1/_2$, 3 . . .
Viertel- "	$^1/_8$ "	$^1/_4$ "	$^1/_4$, $^1/_2$, $^3/_4$, 1, $1^1/_4$ . . . .
Achtel- "	$^1/_{16}$ "	$^1/_8$ "	$^1/_8$, $^1/_4$, $^3/_8$, $^1/_2$, $^5/_8$, $^3/_4$, $^7/_8$

Die Maßstäbe der für die Forstwarte der Oberförsterei Gießen angefertigten Kluppen runden auf Einer Seite die Durchmesser auf halbe, auf der anderen Seite auf ganze Zolle ab. Sie haben sich sowohl beim Kluppiren ganzer Bestände, als bei Aufnahme der Nutzholzstämme — deren Durchmesser hierorts nach halben Zollen abgelesen werden — vorzüglich bewährt.

Die unzweckmäßigste Eintheilung der Kluppenmaßstäbe zu genanntem Zweck ist diejenige in Zolle und Linien. Denn beim Abrunden auf halbe Zolle sind die Räume für die abzulesenden Durchmesser gar nicht durch Zeichen abgegrenzt. Die Grenzlinien, die jedesmal zwischen dem 2. und 3., 7. und 8., 12. und 13. 2c. 2c. Theil-(Linien-)Strich fallen, sind gar nicht auf dem Maßstabe gezogen, sondern müssen errathen werden. In Folge dessen wurden nach meinen Erfahrungen die Durchmesser von dem Forstschutzpersonal so falsch eingetragen, daß sie sämmtlich bei der Abzählungs-Controle nochmals gemessen werden mußten. Dieser Mißstand hört seit der Einführung des fraglichen Maßstabs auf.

Werden die Stämme etwa von 10 zu 10 Fuß Länge vor der Controle markirt und die Stammmitten, wo der Durchmesser zu erheben ist, mit einer kleinen Platte versehen, wählt sich der Controleur irgend eine Nummer und läßt, von diesem ausgehend, etwa immer den zehnten Stamm in seiner Gegenwart nachmessen, so müssen die Resultate mit den durch die Forstwarte erhobenen übereinstimmen. Ist solches der Fall, so kann der controlirende Beamte von der Richtigkeit der ganzen Messung überzeugt sein und die größten bereits vollzogenen Nutzholzaufnahmen in unglaublich kurzer Zeit auf das schärfste prüfen. Es ist schwer zu begreifen, weshalb solch' einfache Mittel nicht schon überall Terrain gewonnen haben. Wo noch die alten Maßstäbe bestehen, quält man sich beim Abrunden auf halbe Zolle mitunter auf ganz komische Weise ab, oder schreibt sogar mathematisch ganz unrichtige Verfahren vor.

Stehen noch dem Controleur die nöthigen Bureaukosten zur Disposition, um das ebenso zeitraubende als ermüdende und ganz mechanische Anfertigen der Abzählungsprotocolle, Eintragen in Controle und Nachweisungen 2c. unter seiner Aufsicht durch die niederen Kräfte eines billigen Bureaupersonals besorgen zu lassen — wie es eben durch eine rationelle Arbeitstheilung bedingt wird, — so beansprucht die ganze Aufnahme, Buchung, Berechnung 2c. nicht mehr als einen wirklich angemessenen Theil seiner Arbeitszeit. Es wird auf diese Weise zur Durchführung des Grundsatzes beigetragen: die theuern Arbeitskräfte möglichst zur Besorgung jener Arbeiten zu reserviren, für welche der Beamte seine kostspielige technische Ausbildung sich erwerben mußte.

Zu den Kluppen Nummer I und II mit den eben beschriebenen Maßstäben gehört eine Stammkreisflächen-Tabelle für Durchmesser, welche sich beziehungsweise nach ganzen, halben 2c. Zollen abstufen. Diese Tabelle wäre so einzurichten, wie diejenige ist, welche in der Anleitung zu forststatischen Untersuchungen von

Carl Heyer als Beilage C von mir und Herrn Oberförster Dr. Traudt zu Gießen im Jahre 1846 mitgetheilt wurde.

Diese Tabelle hatte sich — für Decimalmaß berechnet — bereits früher bei vielen Ertragsregelungen so bewährt und unentbehrlich bewiesen, daß sie später im ganzen Großherzogthum eingeführt wurde. Da aus ihr die Producte der Kreisfläche jedes Durchmessers in eine ganz beliebige Stammzahl geradezu abgeschrieben werden können, so dient sie gleichzeitig — durch Vertauschung der Stammzahl mit den Stammlängen und der Kreisflächensumme mit dem Kubikinhalt — zum Kubiren der Stämme und der Sectionen.

Derjenige, welcher vielfach mit Massenaufnahmen beschäftigt war, wird von der Richtigkeit folgender Sätze durchdrungen werden:

a) Man soll Maßstäbe und Kreisflächentabellen nur mit nach **halben** und **nicht** nach ganzen Zollen aufsteigenden Durchmessern anwenden. Denn im ersten Falle können die Resultate nur genauer werden als im zweiten, während in beiden Fällen der Zeitaufwand für Messung **durchaus** und für Berechnung **fast** derselbe bleibt.

b) Aus gleichen Gründen soll man nach Einführung des Metermaßes auf den Maßstäben (welche die Abrundung selbst besorgen) und in den Kreisflächen-Tabellen die Durchmesser nur um **Centimeter** differiren lassen. Damit die schmalen Felder große und zugleich die Deutlichkeit nicht beeinträchtigende Ziffern erhalten, so hätte das Einschlagen der Zahlen nach Fig. 16 zu geschehen, welche ein Stück Kluppenmaßstabs in natürlicher Größe darstellt.

4) Zweiter Hauptfall. Im Vorhergehenden wurde unterstellt, daß die Fehler, welche in Folge einer beträchtlichen Abstufung (1 Zoll, $\frac{1}{2}$ Zoll, 1 Centimeter) der Durchmesser entstehen können, bei einer größeren Zahl von Messungen sich compensiren.

Wird nun verlangt, daß eine jede Einzelmessung mit einem constanten Genauigkeitsgrad erfolge, so haben die unter Ziffer 3 beschriebenen Kluppenmaßstäbe keine Berechtigung mehr. Die Abstufungen der Durchmesser können nicht mehr constant bleiben, sondern müssen mit der Größe der Durchmesser ab- und zunehmen. Das Moment, welches zur Bestimmung des Genauigkeitsgrads dient, bilden die den Durchmessern entsprechenden Kreisflächen.

Es ergeben sich deshalb die Größen der Abstufungen aus der Beantwortung der Frage:

Welche Durchmesser-Differenzen dürfen noch bestehen, damit die erhaltene Kreisfläche von der wahren (d. i. der dem absolut genauen Durchmesser zukommenden) um höchstens ein constantes Procent = p abweicht?

Die Methode, nach welcher die Berechnung erfolgen kann, habe ich im Supplementheft Nr. 3 von 1864—1865 (V. Band, 3. Heft) Seite 161 der Allgemeinen Forst- und Jagdzeitung angegeben und zwar für den Fall, daß p = 1 beträgt. Die ganze Durchmesserreihe von 0.3 bis 60.3 Zoll (0.75 bis 151.25 Centimeter) zerfällt alsdann in folgende acht Gruppen und Abstufungen, angegeben in Großherzoglich Hessischem und in Französischem Maß:

Gruppe	enthält die Durchmesser von	abgestuft mit
	a) Großherzoglich Hessisches Maß:	
I	0.3 bis 0.5975 Zolle	0.0025 Zollen = 1/40 Linie
II	0.6 „ 0.995 „	0.005 „ = 1/20 „
III	1.0 „ 1.99 „	0.01 „ = 1/10 „
IV	2.0 „ 4.98 „	0.02 „ = 1/5 „
V	5.0 „ 9.95 „	0.05 „ = 1/2 „
VI	10.0 „ 23.9 „	0.1 „ = 1 „
VII	24.0 „ 49.75 „	0.25 „ = 1/4 Zoll
VIII	50.0 „ 60.5 „	0.5 „ = 1/2 „
	b) Französisches Maß:	
I	0.75 bis 1.4937 Centim.	0.00625 Centim. = 1/16 Millim.
II	1.5 „ 2.4875 „	0.0125 „ = 1/8 „
III	2.5 „ 4.975 „	0.025 „ = 1/4 „
IV	5.0 „ 12.45 „	0.05 „ = 1/2 „
V	12.5 „ 24.875 „	0.125 „ = 1 1/4 „
VI	25.0 „ 59.75 „	0.25 „ = 2 1/2 „
VII	60.0 „ 124.375 „	0.625 „ = 6 1/4 „
VIII	125.0 „ 151.25 „	1.25 „ = 12 1/2 „

In dem genannten Heft habe ich ferner für die sämmtlichen oben angegebenen Stärkestufen der acht Gruppen eine Tabelle berechnet (die nur zwei — !! — Seiten einnimmt), „zum Aufschlagen der Kreisflächen zu Durchmessern mit Decimaltheilung, wenn Anzahl der Decimalstellen und Abstufungen der Durchmesser das Maximum der Fehler auf **Ein** Procent der wahren Kreisflächen beschränken.“

Wie ist nun dieses System anzuwenden? mittelst welcher Einrichtungen sind namentlich die Durchmesser nach den in der Tabelle auf S. 64 bezeichneten Abstufungen mit und ohne Hilfe eines Nonius auf dem Kluppen-Maßstab abzulesen? (Vorerst wird Hessisches Maß unterstellt.)

a) Mittelst einer Kluppe von Holz, die sorgfältig construirt ist, richtig angehalten und schonend behandelt wird, ist es möglich, auf Linien (etwas mehr als Doppelmillimeter) genau zu messen. Da nun nach der Tabelle auf S. 64 die Durchmesser von der VI. Gruppe an um Linien und mehr zunehmen dürfen, so sind überhaupt nur zur Aufnahme der Durchmesser von 10 Zollen und mehr die hölzernen Kluppen statthaft, und kann auf dem Maßstab der Raum für die

VIII. Gruppe	von	60½	bis	50	Zolle	in	halbe Zolle
VII.	„	49¾	„	24	„	„	Viertel- „
VI.	„	23.9	„	10	„	„	Linien

direct getheilt werden *).

b) Für Durchmesser unter 10 Zollen sind Kluppen von Metall erforderlich, und auf deren Maßstäben der Raum der

V. Gruppe	von	9.95	bis	5	Zollen	in	halbe Linien
IV.	„	4.98	„	2	„	„	Fünftel- „

direct einzutheilen. Das Ablesen geschieht nöthigenfalls mit der Loupe, weil solches noch ohne Nonius möglich ist.

Was dagegen die übrigen Gruppen betrifft, so sind die Durchmesser, deren Differenzen in der III. Gruppe 1/10 Linien, in der II. Gruppe 1/20 Linien und in der I. Gruppe 1/40 Linien betragen, nur mit Hilfe eines Nonius zu bestimmen. Es wären zu dem Ende drei verschiedenen Nonien an dem beweglichen Schenkel anzubringen. Gemeinschaftlich mit Herrn Staudinger hierüber

*) In dem hier (Ziffer 4) behandelten zweiten Hauptfall wird zur Vermeidung von Complicationen der Maßstab auf gewöhnliche Weise getheilt, indem man unterstellt, daß ein gebildeter Techniker bei der Aufnahme das Abrunden besorgt.

gepflogene Verhandlungen ergaben, daß der Ausführung Nichts im Wege steht, allein leicht Verwechslungen entstehen können, wodurch die Einrichtung unpraktisch wird. Einfacher kommt man zum Ziel durch Zusammenfassen der drei Gruppen und Anbringen eines einzigen Nonius, der aber alle Durchmesser (von I, II und III) auf $^1/_{40}$ Linien genau angibt. Man theilt zu dem Ende die 1.99, oder vielmehr 2, Zoll lange Strecke des Maßstabs in halbe Linien und den Nonius in 20 Theile, welche zusammen 19 halben Linien des Maßstabs gleich kommen. Freilich erhält man dann die Durchmesser der II. und namentlich der III. Gruppe genauer als nöthig. Dieß ist aber deshalb ohne Einfluß, weil beim Aufschlagen der Kreisflächen die allzugenau erhaltenen Durchmesser ja auf die der Kreisflächen-Tabelle abgerundet werden.

Für die Praxis ist dagegen das einfachste Verfahren die Zusammenfassung der 5 ersten Gruppen, oder Eintheilung des ganzen Metallstabs von 0 bis 10 Zollen in Zolle und Linien und Anbringung Eines Nonius, der alle Durchmesser auf $^1/_{10}$ Linien genau angibt. In diesem Falle werden die Durchmesser der V. und IV. Gruppe wieder allzugenau, die der III. Gruppe gerade richtig, endlich die der II. und namentlich die der I. nicht genau genug abgelesen. Es sind aber in letzter Beziehung die absoluten Unterschiede zwischen $^1/_{10}$ und $^1/_{20}$, beziehungsweise $^1/_{10}$ und $^1/_{40}$ Linie solch' geringe Größen, daß die Fehler, welche hieraus auf der kleinen (nur 0.995 — 0.3 = 0.695 Zolle langen) Strecke resultiren, als wirkungslos gelten können. Freilich liegt dann die Frage nahe, weshalb überhaupt in der Kreisflächen-Tabelle eine I. und II. Gruppe vorkommen? Die Erwiderung geht dahin, daß einmal die Berechnung der Kreisflächen nach Einem rationellen Princip durchzuführen, daß ferner eine Messung der Durchmesser auf $^1/_{40}$ und $^1/_{20}$ Linien ja immerhin leicht durchführbar, und daß endlich sehr oft aus mehreren Messungen das Mittel zu nehmen ist, für welches, wenn wir auch beim Kluppiren auf $^1/_{10}$ Linien abrunden, dennoch Durchmesser resultiren, die auf die kleinen Stufen ($^1/_{40}$ und $^1/_{20}$ Linien) der Kreisflächen-Tabelle abzurunden sind, so oft nämlich das arithmetische Mittel sehr viele oder unendlich viele Decimalstellen ergeben würde.

c) Aus den vorhin erwähnten Gründen empfiehlt sich auch zur Erzielung möglichster Vereinfachung: die Eintheilung der ganzen Länge des oben unter a erwähnten Maßstabs der hölzernen Kluppe (für die VI., VII. und VIII. Gruppe) ausschließlich in Zolle und Linien und Abrundung der Durchmesser beim Aufschlagen der Kreisflächen auf die in der Tabelle vorkommenden Stufen.

Auf demselben Maßstabe wäre endlich auch der durch die Metallkluppe (lit. b) ergänzte Raum (der I. bis V. Gruppe von 0 bis 10 Zollen) ebenfalls in Zolle und Linien zu theilen, da ja in praxi Fälle vorkommen können, wo Durchmesser unter 10 Zollen eine Abstufung nach Linien gestatten, sei es, weil der angenommene Genauigkeitsgrad (Ein Procent) nicht verlangt wird, sei es, weil eine Mehrzahl von Messungen die Fehler bis zu dem verlangten Genauigkeitsgrad compensirt.

Ganz analoge Betrachtungen lassen sich bei Zugrundlegung des Französischen Maßes anstellen, deren Endresultate in dem nachfolgenden §. angegeben werden sollen.

§. 14.

Auswahl der Kluppen in praxi, als Resumé der vorhergehenden §§.

a) Es besteht das Großherzoglich Hessische Maßsystem.

I. Erster Hauptfall. Es sind ganze Bestände zu kluppiren, Nutzholzstämme 2c. bei Holzabzählungen aufzunehmen, sowie überhaupt zahlreiche Messungen von Durchmessern auszuführen, bei welchen sich die Fehler, veranlaßt durch Abrundung auf größere Stufen, compensiren.

Unter solchen Verhältnissen gebraucht man Kluppen von Holz Nummer I und Nummer II, deren Maßstäbe in halbe Zolle in der Weise getheilt sind, daß sie die Abrundung selbst besorgen (§. 13, Ziff. 3).

Zur Ermittlung der den Durchmessern entsprechenden Kreisflächen dienen sogenannte Stammkreisflächen-Tabellen (§. 13, Ziff. 3), welche gleichzeitig zum Kubiren der Rundholzstücke gebraucht werden.

II. Zweiter Hauptfall. Man verlangt für jede Einzelmessung die dem Durchmesser entsprechende Kreisfläche mit einem vorausbestimmten Genauigkeitsgrad, bei welchem z. B. um höchstens Ein Procent des absolut richtigen Betrags gefehlt wird.

In diesem Falle sind

1) für Erhebung der Durchmesser bis zu 10 Zollen Kluppen von Metall Nummer III nöthig, deren Maßstäbe in Linien getheilt sind mit Nonien, welche die Durchmesser auf $^1/_{10}$ Linien genau angeben.

2) Für Durchmesser von 10 und mehr Zollen dienen wieder Kluppen von Holz Nummer I oder II mit directer Theilung in Linien. — Man könnte diese Theilung auch noch auf der 2. Seite des Maßstabs der für den ersten Hauptfall ausgewählten Kluppen anbringen und ein und dasselbe Instrument in den Fällen I und II, 2 gebrauchen. Allein mehr empfehlen sich doppelte Kluppen. Denn auf Linien genau kann nur mit einem sehr sorgfältig geschonten Instrumente gearbeitet werden. In einem solchen vollkommenen Zustand sind aber die stark strapazzirten Instrumente des ersten Hauptfalls nicht zu erhalten.

Für die Einzelmessungen des zweiten Hauptfalls ist eine besondere Kreisflächen-Tabelle (§. 13, Ziff. 4) anzuwenden, deren Berechnung in dem obenerwähnten V. Supplementband, 3. Heft der Allgemeinen Forst- und Jagdzeitung Seite 161 ausgeführt ist. Dieselbe gibt sofort an, nach welchen Stufen und bis auf wie viele Decimalstellen die erhobenen Durchmesser je nach ihrer Größe abzurunden sind.

3) Um die Durchmesser direct auf dem Maßstab mit der erforderlichen Zahl von Decimalstellen abzulesen, ist nicht zu umgehen, daß sie innerhalb gewisser Grenzen genauer als nöthig angegeben werden. Dieß ist aber deshalb ohne allen Belang, weil ja beim Aufschlagen der Kreisflächen die abgelesenen Durchmesser auf die genügend genauen abgerundet werden.

Uebrigens wolle man

III. scharf im Auge behalten, daß eine Ermittlung der Durchmesser und Kreisflächen ja fast denselben Zeitaufwand in Anspruch nimmt, mag der Genauigkeitsgrad *) größer oder kleiner sein, daß also eine Beschränkung auf das absolut Nöthige so gut wie keine Zeitersparniß verursacht.

IV. Selbstverständlich ließe sich auch auf Ein und derselben Seite des Maßstabs der Theilungsmodus unter I mit demjenigen unter II verbinden, wie solches Fig. 17 darstellt. Daselbst runden sich auf der oberen Hälfte des Maßstabs die Diameter durch die Grenzen ihrer Felder auf halbe Zolle ab. Dagegen ist die untere Hälfte in Zolle und Linien getheilt. Die Zahlen an den gesternten Theilstrichen der ganzen und halben Zolle beziffern nicht blos die absoluten Entfernungen der Theilstriche vom Nullpunkt des Maßstabes, sondern gleichzeitig auch die durch die Felder repräsentirten Durchmessergrößen. Schon vor Veröffentlichung meines Aufsatzes im Maiheft 1860 der Allgemeinen Forst- und Jagdzeitung ließ ich versuchsweise auf den in Zolle und Linien getheilten Maßstäben der Kluppen mehrerer Forstwarte die Grenzlinien einschlagen, bis zu welchen die Leute ganze und halbe Zolle ablesen sollten. Allein nach den bis jetzt gemachten Erfahrungen macht diese Combination ungebildete Leute (Holzsetzer, Kluppenführer 2c.) leicht irre. Es ist deshalb diese Einrichtung um so weniger zu empfehlen, als gerade die genannte Arbeiterklasse nur mit Einem Theilungsmodus (Abrundung der Durchmesser auf größere Stufen, auf halbe und ganze Zolle) zu thun hat, während die scharfen Einzelmessungen mittelst besonderer, sorgfältig zu schonender Kluppen, mit Einrichtungen und Maßstäben, welche die feineren Abstufungen angeben, von Seiten oder doch unter Controle gebildeter Leute ausgeführt werden.

Deshalb mit Theilung der Arbeit auch Anfertigung verschiedener Kluppen!!

Die erwähnte Combination möchte nur da noch nachträglich zur Ausführung kommen, wo bereits die Maßstäbe solcher Kluppen, welche zur Erreichung der unter I angeführten Zwecke dienen, in Zolle und Linien eingetheilt sind. Auf diesen Maßstäben soll man

*) der selbstverständlich ein rationeller sein muß.

noch nachträglich die Grenzen der Felder markiren lassen, welche das Abrunden besorgen.

b) Es wird das Französische Maßsystem eingeführt.

Nach Einführung des Metermaßes ist

I. im ersten Hauptfall die hölzerne Kluppe mit in Centimeter eingetheiltem Maßstabe (Fig. 16) und den entsprechenden Stammkreisflächen-Tabellen (§. 13, Ziff. 4) anzuwenden.

Mögen wenigstens mit Einführung des Metermaßes die mathematisch unrichtigen Abrundungsmethoden aufhören, welche auch bei Eintheilung der Kluppenmaßstäbe in Centimeter beträchtliche Fehler veranlassen können, ohne auch nur die mindeste Bequemlichkeit zu bieten, da man ja eben so schnell auf dem Maßstabe mit neuem Theilungsmodus richtig, als auf dem mit der gewöhnlichen Theilung unrichtig abliest.

II. Im zweiten Hauptfall hat man

1) für Durchmesser bis zu 25 Centimeter exclusive Kluppen von Metall nöthig, deren Maßstäbe in Millimeter eingetheilt und mit Nonien versehen sind, welche die Durchmesser auf $^1/_{10}$ Millimeter genau angeben.

2) Für Durchmesser von 25 Centimeter und mehr wählt man wieder Kluppen von Holz mit directer (schon vom Nullpunkte an beginnender) Theilung in Doppelmillimeter. — Für diese Messungen sub 1 und 2 muß wieder eine besondere Kreisflächen-Tabelle analog der früher erwähnten berechnet werden, um einen vorausbestimmten Genauigkeitsgrad zu erreichen, bei welchem z. B. um höchstens Ein Procent des absolut richtigen Betrags gefehlt wird.

3) Beim Metermaß ist nur deshalb eine genauere Eintheilung des Maßstabs, als bei dem Großherzoglich Hessischen Fußmaß erforderlich (Millimeter und Doppelmillimeter anstatt Linien), damit auch hier die Durchmesser direct auf eine genügende Zahl Decimalstellen abgelesen werden können. Hier findet man demgemäß für mehr Gruppen als vorher die Durchmesser genauer als nöthig. Sie werden aber gleichwohl wieder auf die gerade genügend genauen der besonderen Kreisflächen-Tabellen abgerundet.

Wären z. B. auf der Metallkluppe die Durchmesser 12.56; 12.63; 12.86 Centimeter abgelesen worden, so fielen sie und ihre Kreisflächen in die V. Gruppe (Seite 64) mit

den Durchmessern	Kreisflächen
12.5 Centimeter	1.227 □Decimeter
12.625 "	1.252 "
12.75 "	1.277 "
12.875 "	1.302 "

und wären also auf 12.5 Centimeter mit Kreisfläche 1.227 □Decimeter

12.625	"	"	"	1.252	"
12.875	"	"	"	1.302	"

abzurunden.

Zweiter Abschnitt.

Instrumente zur Messung der Durchmesser auf Baumscheiben.

§. 15.

Im Allgemeinen.

Sollen auf Scheiben, welche durch zwei auf die Stammaxe senkrecht geführte Schnitte entstehen, Untersuchungen über Zuwachs gemacht werden, so hat man, z. B. von dem Axenpunkt einer Scheibe ausgehend, die Durchmesser des nämlichen Complexes von Jahrringen, welcher bis zu dem einen oder anderen bestimmten Lebensalter entstanden ist, nach verschiedenen Richtungen hin zu messen, um richtige Durchschnittszahlen für die Durchmesser und Querflächen der Stammscheiben exclusive der Rinde in jenen Lebensaltern zu erhalten. Eben so können die Durchmesser- und Kreisflächen-Differenzen zur Berechnung des Stärke- und Massezuwachses in den verschiedenen Lebensperioden der Stämme dienen. Behufs der Aufnahmen empfehlen sich besonders zwei Verfahren.

§. 16.

Zirkel und Verjüngungsmaßstab.

Man greift auf der Scheibe mit einem gewöhnlichen Zirkel die Durchmesser und sodann deren Größen auf einem Verjüngungsmaßstabe ab. Dieser ist derart einzurichten, daß sich die in Gruppen getheilten Durchmesser direct finden lassen; letztere stufen sich innerhalb einer jeden Gruppe mit gleichen, allein in den verschiedenen Gruppen mit um so geringeren Größen ab, je kleiner die Durchmesser sind, damit sich die Querflächen mit einem constanten vorausbestimmten Genauigkeitsgrad für die Einzelmessungen ergeben. Zu dem Ende erhält der Maßstab für alle Gruppen dieselbe Breite und dieselbe Anzahl von Transversalen, während die Zahl der Horizontalen wohl innerhalb jeder Gruppe dieselbe bleibt, allein bei den verschiedenen Gruppen sich ändert, nämlich mit der Abnahme der Durchmesser zunimmt. Die Beträge der Abstufungen notirt man an den Enden der Horizontalen, also neben den verticalen Grenzmarken ihrer Gruppe.

Ein solcher Maßstab, entsprechend den vier ersten Gruppen Seite 64, ist in dem schon citirten Supplementband der Allgemeinen Forst- und Jagdzeitung von 1864—1865 abgebildet und zwar unmittelbar vor der mehrfach erwähnten Kreisflächen-Tabelle, welche die Flächen bis auf Ein Procent Genauigkeit angibt. Auf dem Maßstab können sämmtliche Durchmesser, welche in dieser Tabelle vorkommen, direct abgegriffen werden.

Der Umstand, daß sich nach den gegebenen Andeutungen ein Jeder wohl selbst den Maßstab construiren kann, macht eine besondere Abbildung desselben überflüssig und veranlaßt mich, nur auf den erwähnten Ort seiner Darstellung zu verweisen.

Große Durchmesser sind selbstverständlich vor deren Erhebung in mehrere Theile zu zerlegen. Da die Zirkelspitzen mehr oder weniger spitze Winkel mit der Scheibe bilden und leicht in das Holz eindringen, und da das ganz scharfe Abgreifen von Durchmessern mit vielen Decimalstellen, selbst auf einem Verjüngungsmaßstab von Metall, auf dem die feinsten Linien gezogen sind, immerhin Schwierigkeiten bietet, so können kleine Fehler entstehen. Diese werden vermieden bei Anwendung nachstehender Methode.

§. 17.

Scheibenkluppe Nummer IV.

Auf der Baumscheibe werden mittelst eines Instrumentes, welches mit Maßstab und Nonius versehen ist und Scheibenkluppe genannt werden soll, die Dimensionen ermittelt.

Dieses Instrumentchen ist durch Fig. 18—20 in natürlicher Größe dargestellt und von Herrn Mechanikus von Gehren zu Gießen, Compagnon des Herrn Staudinger, construirt worden.

Im Nachfolgenden folgt eine Beschreibung seiner Einrichtung und eine Anweisung zu seinem Gebrauch.

Das Instrument besteht im Wesentlichen aus einem Prisma A (in Fig. 18 von oben und Fig. 19 und 20 im Durchschnitt dargestellt), auf welchem eine Theilung in einzelne Millimeter, von einem Nullpunkt anfangend, angebracht ist.

Mit dem Nullpunkt genau übereinstimmend ist der Zeiger a (Fig. 18 und 20) fest an das Prisma angeschraubt und zwar so, daß die innere Kante eine Fortsetzung des Null-Theilstrichs bildet.

Auf dem Prisma A bewegt sich genau passend der Schieber B (in Fig. 18 von oben und Fig. 20 im Durchschnitt dargestellt), der, in der Mitte durchbrochen, die Theilung sehen läßt und auf einer Seite einen Nonius $^{20}/_{19}$ getheilt trägt. An diesem Schieber ist ein weiterer Zeiger b befestigt, dessen innere Kante sich zu dem Nullpunkte des Nonius gerade so verhält, wie die des Zeigers a zu dem Nullpunkte der Theilung auf dem Prisma. Schieber und Prisma müssen so genau gearbeitet sein, daß, wenn die beiden Zeiger sich tangiren, die beiden durch Null gehenden Theilstriche genau aufeinander treffen. Auf dem Prisma bewegt sich ferner ein weiterer Schieber C (Fig. 18), der durch die Mikrometerschraube c mit dem Schieber B verbunden ist. Auf dem Schieber C ist ein Ansatzstück fest angebracht, in welchem der Hals der Mikrometerschraube sich glatt bewegt, während die Mutter auf dem Schieber B befestigt ist. Die Mikrometerschraube ist zwischen B und C von einer Spiralfeder umgeben (auf der Zeichnung der Deutlichkeit halber weggelassen), welche die Schieber bei dem Aufdrehen der Mikrometerschraube auseinander hält. Der Schieber C ist mit einer Klemmschraube d versehen, um ihn an jeder Stelle des Prismas festhalten zu können. Außer diesen Schiebern bewegen sich ebenfalls passend noch die weiteren 2 Schieber D und E auf dem Prisma A, die, wie aus Fig. 19 zu ersehen, dem Instrument als Fußpunkte dienen, und, um auf der zu messenden Scheibe fixirt werden zu können, unten mit mehreren feinen Spitzen ee versehen sind. Zu demselben Zweck und in derselben Art und Weise wie C bei B ist bei E noch der Schieber F mit Klemme und Mikrometerschraube angebracht.

Die Figurentafel zeigt das Instrumentchen von Messing mit versilberten Theilungen in wirklicher Größe, das Prisma A abgebrochen, da dessen Länge nach den jeweiligen Zwecken verschieden sein kann.

Mit Hilfe des Instruments kann mit großer Genauigkeit die Entfernung zweier Punkte auf einer ebenen Fläche bestimmt werden. Da, wie oben angegeben, das Verhältniß der Theilung des Nonius zu der des Prismas wie 20 zu 19 ist, so läßt sich 0.05 der Originaltheilung, und wenn diese z. B. einzelne Millimeter beträgt, auf 0.00005 Meter ablesen.

Selbstverständlich läßt sich auch hier in Uebereinstimmung mit dem System in §. 14 der Maßstab auf dem Prisma in Zolle und Linien resp. in Millimeter eintheilen und ein Nonius mit Theilung $^{10}/_{9}$ anbringen 2c.

Es ist durchaus nothwendig, daß das Prisma A parallel mit der Linie gestellt werde, welche die zu messende Entfernung beider Linien angibt. Dieß ist leicht zu machen, da die beiden Zeiger a und b vorn parallel mit dem Prisma gefeilt und abgeschliffen sind. Man kann also an diesen Zeigern immer sehen, ob die Punkte, deren Abstand zu messen ist, verschieden weit von dem Prisma abstehen.

Mit dem Instrumente mißt man nun entweder auf großen oder auf kleinen Baumscheiben die Entfernung einzelner Jahrringe unter sich, oder deren Abstand vom Axenpunkte. Im ersten Fall stellt man das Instrument auf der glatt gehobelten Scheibe selbst auf, im zweiten bringt man die Scheibe in den runden Ausschnitt eines mit drei Stellschrauben versehenen Bretts, welches so gerichtet wird, daß es mit der Scheibe Eine Fläche bildet. Soll diese Einrichtung möglichst bequem werden, so ist dieses Brett mit drei Stellschrauben zu versehen. Die Scheibe wird aber dann nicht nach dem Brett, sondern dieses nach der Oberfläche der Scheibe gerichtet. Nachdem man das Instrument aufgestellt, durch Eindrücken der Spitzen (im ersten Fall in die Baumscheibe, im zweiten in das Brett) fixirt und sich überzeugt hat, daß das Prisma mit der zu messenden Linie parallel steht, so rückt man den Zeiger a zuerst bei offener Klemme F mit der Hand und dann nach Schließung der Klemme mit Hilfe der Mikrometerschraube genau (mit dem unteren Ende der inneren Kante) auf den Einen Punkt ein. Sodann schiebt man nach Oeffnung der Klemme in C den Schieber B nach dem zweiten Punkte hin, bis Zeiger b annähernd darauf einsteht. Die genaue Einstellung bewirkt man nach dem Schluß der Klemme d mit der Mikrometerschraube c, was nöthigenfalls mit einer Loupe geschehen kann. Schließlich wird an der Theilung und am Nonius die gesuchte Entfernung abgelesen.

Fig. 1.

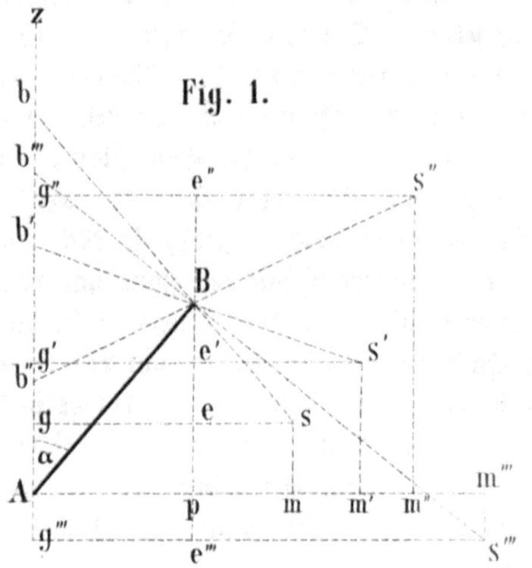

Fig. 2.

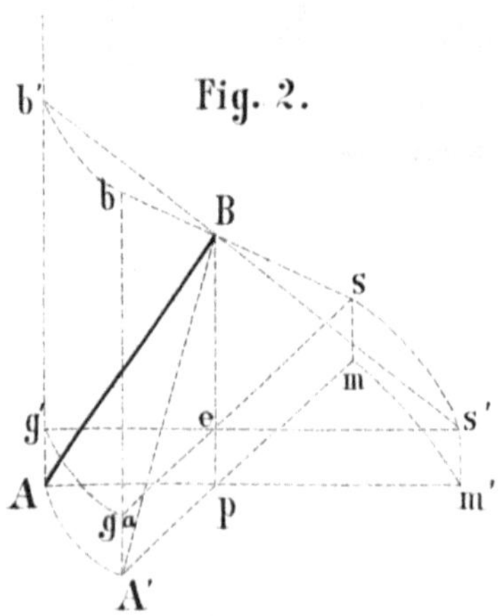

Fig. 3.

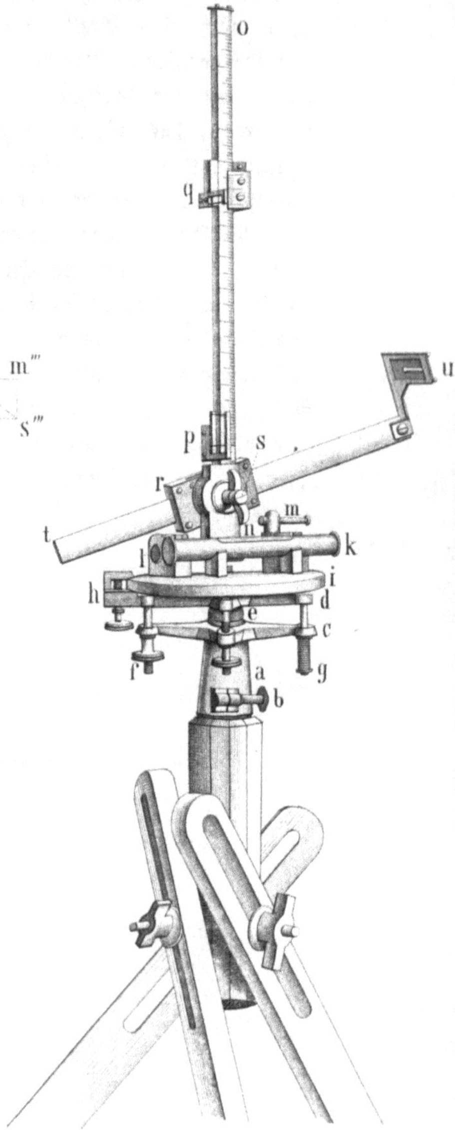

Fig. 4.

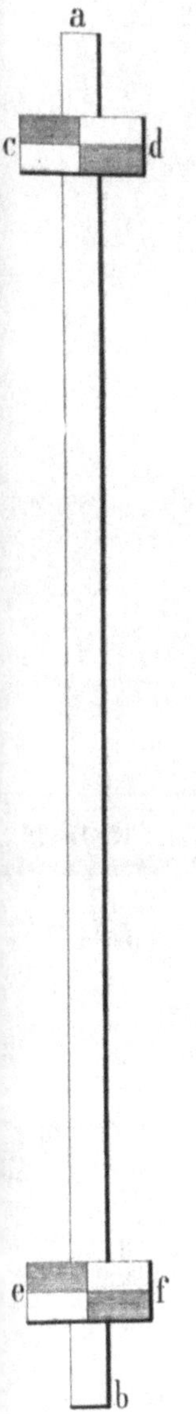

Fig. 5.

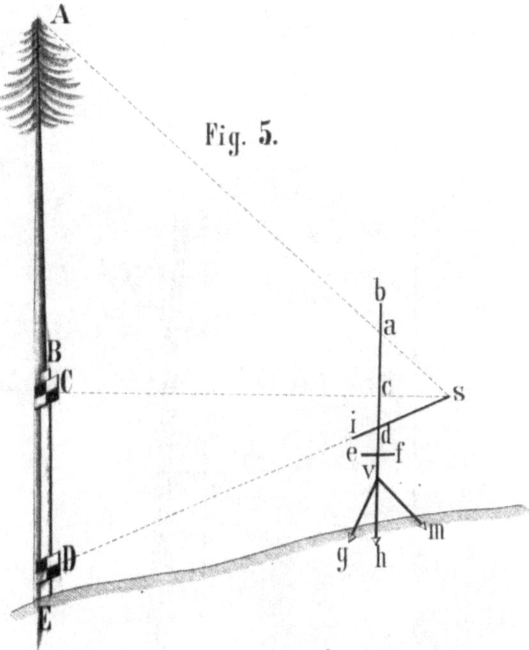

Fig. 6.

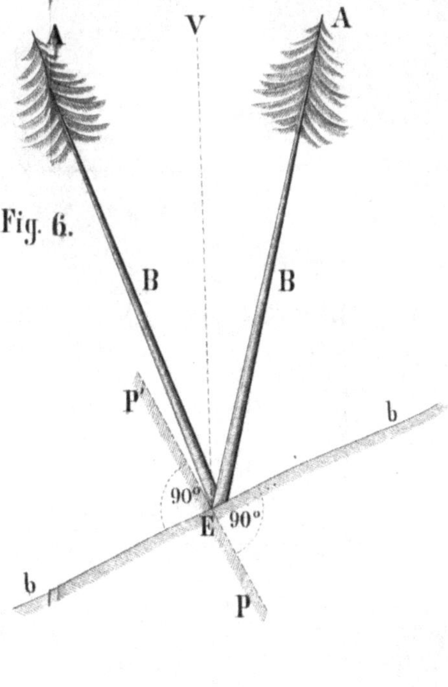

Lith. Anst. v. L. Wenzel, Giessen.

Fig. 7.

Fig. 8.

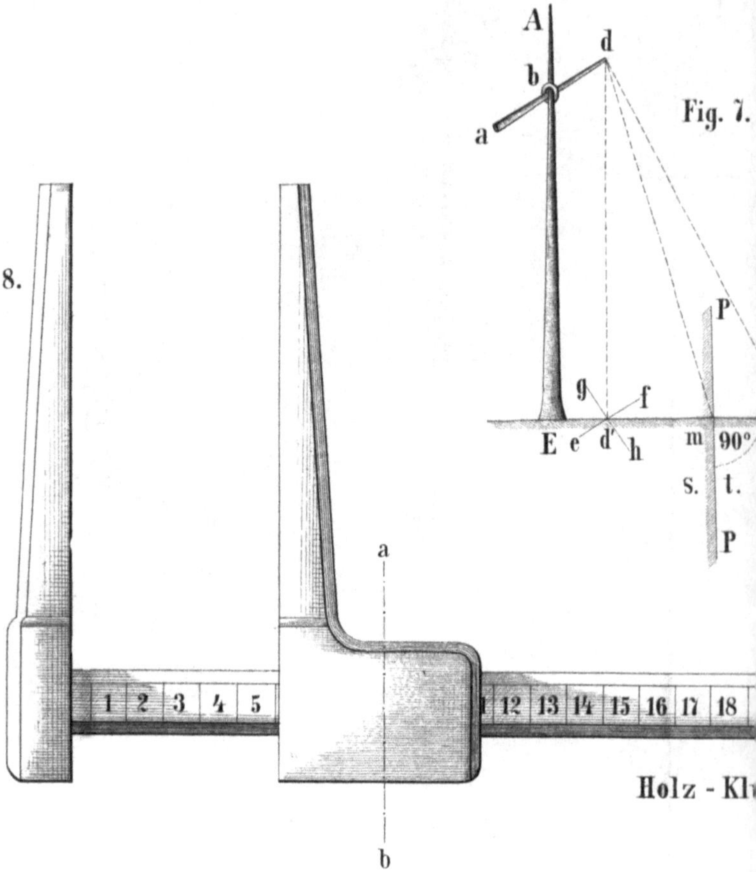

Holz - Kl

Fig. 11.

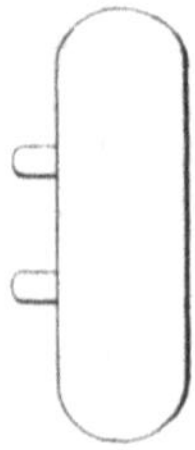

Fig. 1

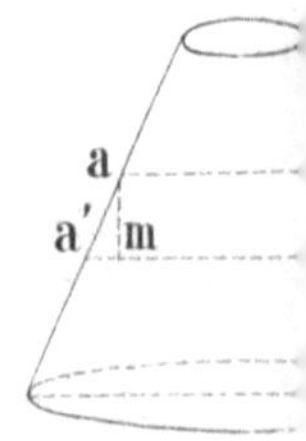

Taf. II.

Fig. 9.

Holz-Kluppe № I.

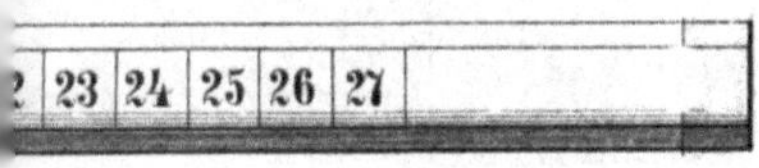

Fig. 10.

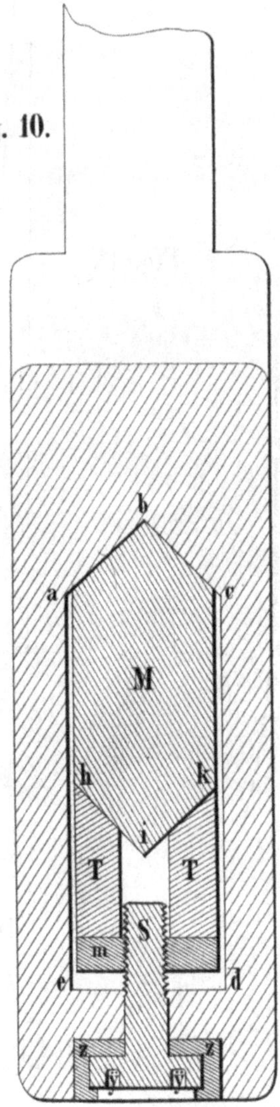

Holz-Kluppe № I.

Lith. Anst. v. L. Wenzel, Giessen.

Fig. 13.

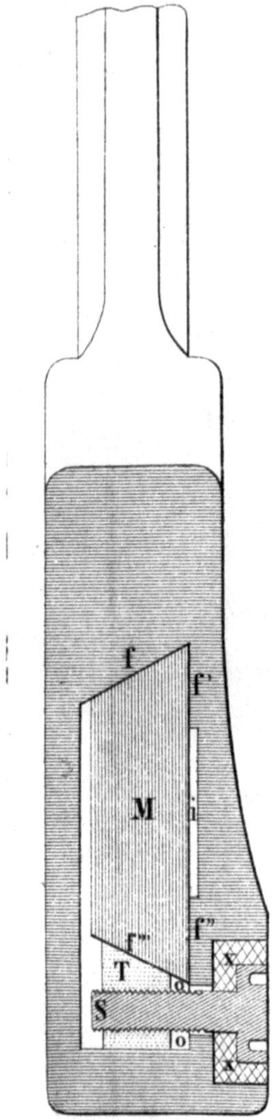

Fig. 14.

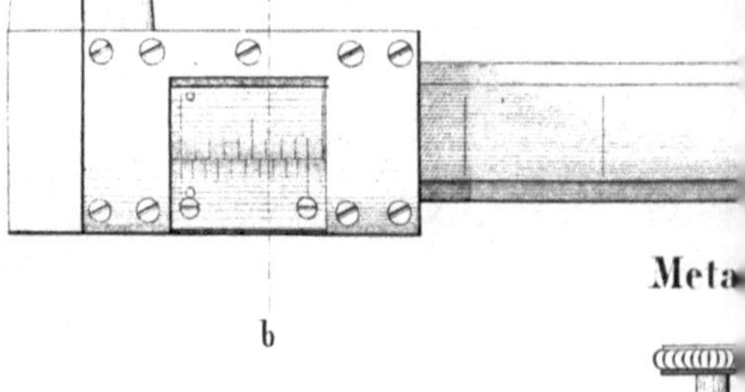

Fig. 15.

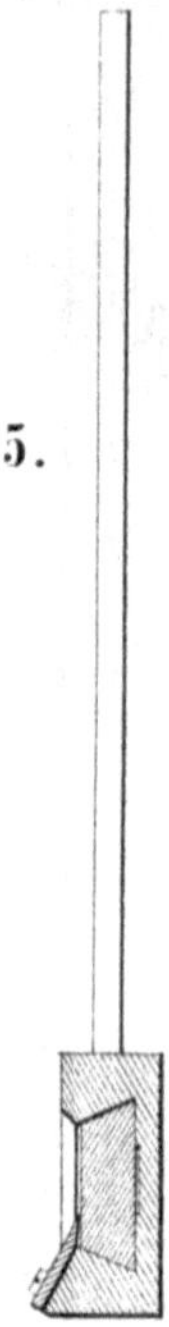

Durchschnitt nach a b.

Meta

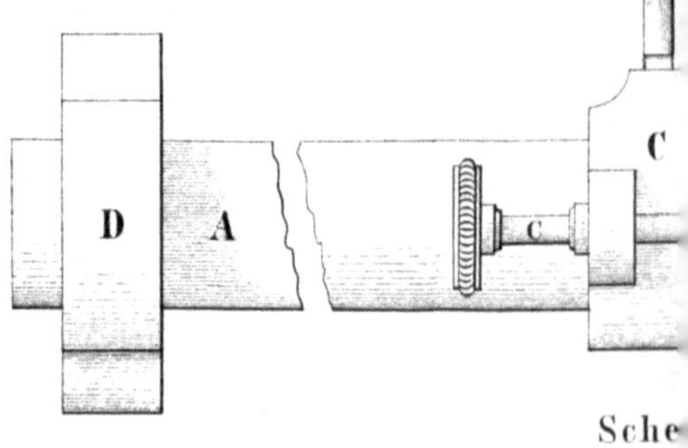

Sche

Taf. III.

Fig. 16.

Fig. 19.

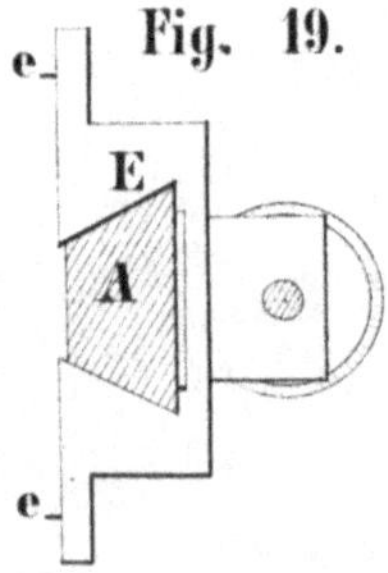

Fig. 17.

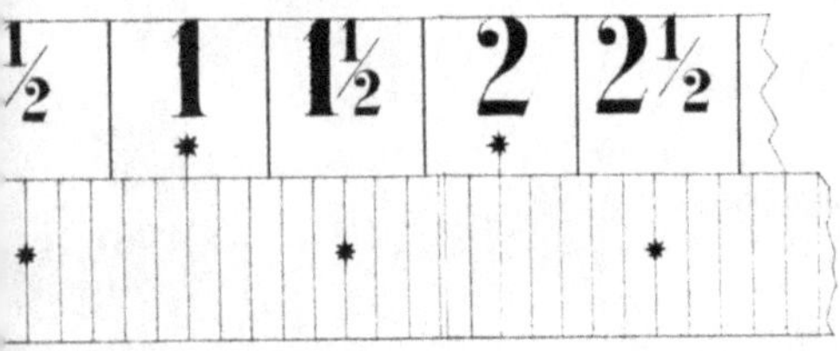

Fig. 20.

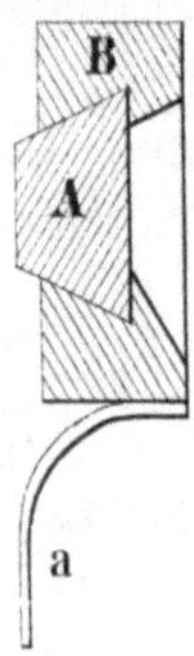

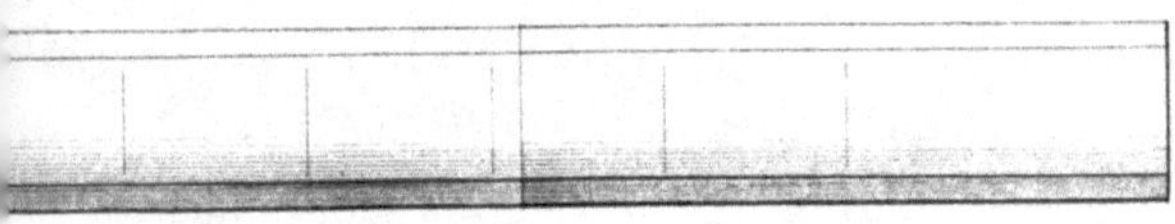

½ d. w. Gr.

Fig. 18.

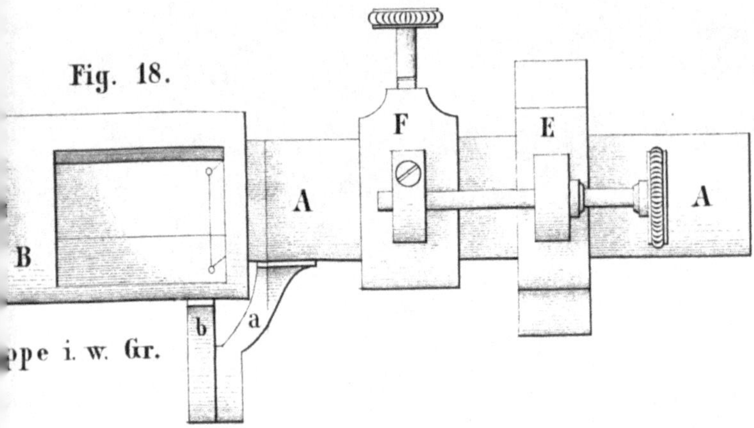

ppe i. w. Gr.

FSC
www.fsc.org
MIX
Papier | Fördert gute Waldnutzung
FSC® C083411

Zeitfracht Medien GmbH
Ferdinand-Jühlke-Straße 7
99095 Erfurt, Deutschland
produktsicherheit@kolibri360.de